U0347932

国家出版基金项目
NATIONAL PUBLICATION FOUNDATION

生态气象系列丛书

丛书主编：丁一汇

丛书副主编：周广胜　钱　拴

重庆生态气象

《重庆生态气象》著作委员会　著

气象出版社
China Meteorological Press

内 容 简 介

本书内容来源于重庆市气象科学研究所在生态气象方面开展的相关科研和业务工作。主要分析了重庆市独特的气候条件、生态环境以及这些因素对农田生态、三峡库区水体生态、山地陆表生态、超大城市生态和山地生态气象灾害的影响。通过综合运用遥感监测、气候数据分析和生态评估等方法，为读者提供了一个关于重庆市生态气象的全面视角。

本书不仅适用于生态气象、遥感、环境科学和气候学等领域的学者和学生，也为从事相关业务工作的专业人员提供参考资料，同时为地方政府和决策者提供了科学依据，有助于制定更有效的环境保护和气候变化应对策略。

图书在版编目（CIP）数据

重庆生态气象 / 《重庆生态气象》著作委员会著.
北京：气象出版社，2024. 6. -- ISBN 978-7-5029
-8339-0

Ⅰ．P41

中国国家版本馆 CIP 数据核字第 2024RS0850 号

重庆生态气象
Chongqing Shengtai Qixiang

出版发行：气象出版社

地　　址：北京市海淀区中关村南大街 46 号　　邮政编码：100081
电　　话：010-68407112（总编室）　010-68408042（发行部）
网　　址：http://www.qxcbs.com　　E - m a i l：qxcbs@cma.gov.cn
责任编辑：隋珂珂　　　　　　　　　　　终　审：张　斌
责任校对：张硕杰　　　　　　　　　　　责任技编：赵相宁
封面设计：博雅锦
印　　刷：北京地大彩印有限公司
开　　本：787 mm×1092 mm　1/16　　　印　张：10.25
字　　数：270 千字
版　　次：2024 年 6 月第 1 版　　　　　印　次：2024 年 6 月第 1 次印刷
定　　价：100.00 元

《重庆生态气象》
著作委员会

（按姓氏笔画顺序排列）

冯介玲　刘晓冉　陈志军　陈艳英

何泽能　张　继　张德军　张鑫钰

范　莉　罗孳孳　祝　好　赵　磊

唐余学

前言

当前,气象学与生态学的交叉领域——生态气象学,正变得日益重要。2020 年,国家自然科学基金委员会地球科学部将生态气象(D0507)设置为大气科学学科的二级申请代码,这对生态气象学科发展具有重大的促进作用。重庆市作为中国西南地区的重要城市,拥有独特的气候与生态特征。地理位置、多样的地形和气候条件,使得该区域成为研究生态气象学的理想场所。随着气候变化的加剧及人类活动的增多,重庆的生态环境面临诸多挑战,从而更加凸显了生态气象学的重要性。

为贯彻党的二十大精神和习近平总书记的重要指示和要求,落实中国气象局生态文明建设气象服务要求和美丽重庆建设部署,按照国务院《气象高质量发展纲要(2022—2035 年)》和中国气象局《风云气象卫星应用能力提升工作方案》,重庆市气象科学研究所生态气象和卫星遥感创新团队充分发挥卫星遥感技术优势的作用,通过长期的业务和科研工作积累,撰写了《重庆生态气象》。全书针对重庆生态气象在各个方向上的应用,分别开展了农田生态气象、三峡库区水体生态气象、山地陆表生态气象、超大城市生态气象、山地生态气象灾害等工作,旨在阐述重庆市独特的气候特征与生态系统的相互作用,提供对该地区生态气象的深入理解,期望能为相关学者、同行提供在生态气象业务与研究方向上的新思路和借鉴。由于编者水平有限,错漏在所难免,恳请同行专家不吝指正,对此深表感谢。

《重庆生态气象》共分为 7 章,涵盖了气候概况、农田生态、水体生态、山地生态和超大城市生态等多个方面。每一章都尽量详细地对主题进行概述,并对所用的方法进行说明、对研究结果进行分析,最后简要地小结。第 1 章介绍了重庆的自然地理、社会经济环境,由刘晓冉、张继编写。第 2 章重点阐述了重庆的气候概况,包括气候变化对生态环境要素的影响,由刘晓冉、张继编写。第 3 章集中在农田生态气象,探讨了重庆农田的生态气候特征、主要农作物种植结构、区划和遥感监测,以及农业气象灾害的监测评估,由罗孳孳、张鑫钰、陈志军、范莉和唐余学编写。第 4 章聚焦于三峡库区水体生态气象,包括水体面积变化、水质、湿地演变以及消落带监测评估,由祝好、何泽能、张德军、范莉、王利花编写。第 5 章探讨了山地陆表生态气象,包括植被分布特征及变化、生态质量评价、水源涵养生态功能评价和典型陆表生态监测示范,由叶勤玉、张德军、陈艳英编写。第 6 章讨论了超大城市生态气象,关注城市局地气候效应、热环境监测评估、城市颗粒物遥感监测评估和城市痕量污染气体遥感监测评估,由何泽能、祝好编写。第 7 章聚焦于山地生态气象灾害,包括森林火险、石漠化、干旱、洪涝和积雪,由陈艳英、张德军、祝好、张继编写。最后由赵磊、冯介玲、张德军等负责本书的校对。

通过这些章节,本书提供了一个全面而深入的视角,展现了重庆市生态气象的多样性和复杂性。《重庆生态气象》的出版,不仅为重庆市乃至中国西南地区的生态气象学研究提供了资料,也为相关领域的专家学者、决策者和公众提供了参考。它反映了重庆市在应对气候变化、生态保护和可持续发展方面的努力和成就,同时也指出了当前面临的挑战和未来的发展方向。

在此,我们向所有参与本书编写的作者、编辑和支持者表示衷心的感谢。希望本书能够为广大读者提供有价值的信息,为重庆的生态气象研究与应用提供启示和指导。

作者
2024 年 5 月

目录

第 1 章
绪 论

1.1 自然地理

重庆市位于中国内陆西南部、长江上游地区,是一个地形多样、气候复杂且生物多样性丰富的直辖市。辖区范围在 105°11′—110°11′E、28°10′—32°13′N,面积为 8.24 万 km²。至 2022 年末,重庆市辖 38 个区、县(26 个区、8 个县、4 个自治县)。其独特的自然地理特征对城市的生态环境、气象条件和经济发展产生了深远的影响。

重庆地形以山地和丘陵为主,平原地区较少,地势由南北向长江河谷逐级降低。东部和南部地区多山,其中以武陵山脉最为著名,山脉中有许多深切的河谷和狭窄的盆地。西部和北部则以丘陵为主,丘陵地带多为较为平缓的丘陵和浅谷,适宜农业发展。中部则是长江和嘉陵江流经的宽阔河谷平原,河流沿岸地区为重庆主要的农业和人口聚集区。山地地形对重庆的气候产生了显著影响,高海拔地区通常比低海拔地区温度低。这些地形特征导致了重庆内部气候的差异性,同时也形成了独特的自然景观,如壮观的峡谷和丰富的森林资源。

重庆属于亚热带季风气候区,四季分明,夏季炎热湿润、冬季温和少雨。春秋季节气温适宜,但春季较为湿润,秋季则相对干燥。全年平均气温在 13.7～16.5 ℃,1—7 月气温逐步升高,8—12 月递减,最热月在 7 月,高达 27.4 ℃;1 月、2 月、12 月的气温不足 10 ℃,其中最冷月在 1 月,仅为 6.8 ℃。年降水量在 1000～1400 mm,月降水量 1—7 月逐步增多,8—12 月逐渐减少。降水主要集中在夏季,平均降水量为 508.9 mm,在全年中的占比可达 45%。重庆市以其持续的高湿度和雾天而闻名,特别是在冬季和春季,长时间的雾天是这个城市的一大特色。高温和湿润的气候条件对农业生产、城市规划和居民生活都产生了重要影响。

重庆被长江和嘉陵江等多条重要河流穿越,形成了复杂的水系。长江在重庆境内形成了著名的长江三峡,包括瞿塘峡、巫峡和西陵峡。这些河流不仅是重庆重要的水资源和交通要道,也是自然景观和生态系统的重要组成部分。长江及其支流的河谷地带,是重庆的主要农业区和人口密集区。河流对城市的气候、运输和经济发展起着至关重要的作用。河流的流域涵盖了广泛的生态系统,提供了丰富的水生生物多样性。

重庆拥有丰富的植被资源和高植被覆盖率。这里的植被主要包括亚热带常绿阔叶林、针叶林和混交林。高海拔地区以针叶林为主,低海拔地区则以常绿阔叶林为主。这些不同类型的植被为各种野生动植物提供了栖息地。重庆市是众多鸟类、两栖动物和昆虫的栖息地,其中一些是国家保护的稀有物种,如重庆分布着 91 种国家重点保护鸟类。丰富的生物多样性不仅对生态系统的健康和稳定至关重要,也为城市的自然景观增添了无限魅力。

重庆市的自然资源丰富,包括煤炭、天然气、矿产和丰富的水资源。这些资源是重庆工业和能源发展的重要基础。尤其是丰富的水资源,对农业灌溉、城市供水和水力发电至关重要。综合来看,重庆市的自然地理特征对其气象条件、生态环境和社会经济发展产生了重要影响。山地地形和河流系统塑造了独特的自然风貌,而丰富的气候和生物多样性则成为重庆的宝贵自然财富。

1.2　社会经济

重庆市作为中西部地区唯一的直辖市,其社会经济发展对于整个西南地区乃至全国都具有极其重要的意义。新中国成立初期,重庆为中央直辖市,是西南地区的政治、经济、文化中心。1954 年改为四川省辖市,1983 年,成为全国第一个经济体制综合改革试点城市,实行计划单列。为带动西部地区及长江上游地区经济社会发展、统一规划实施百万三峡移民,1997 年 3 月第八届全国人民代表大会第五次会议批准设立重庆直辖市。成为直辖市之后,重庆圆满完成三峡百万移民搬迁安置任务,经济社会发展各项事业取得显著成就。这座城市历史悠久,经历了从农业社会到工业化,再到现代服务业和高科技产业的转型。在这一过程中,重庆展示出了独特的社会经济面貌和典型的发展挑战。

2022 年全市实现地区生产总值 29129.03 亿元,比上年增长 2.6%。按产业分,2022 年第一产业增加值 2012.05 亿元,增长 4.0%;第二产业增加值 11693.86 亿元,增长 3.3%;第三产业增加值 15423.12 亿元,增长 1.9%。三次产业结构比为 6.9:40.1:53.0。全年人均地区生产总值达到 90663 元,比上年增长 2.5%。民营经济增加值 17404.40 亿元,增长 3.0%,占全市经济总量的 59.7%。

重庆的人口结构体现了典型的中国城乡双重特征。城市人口不断增加,尤其是近年来随着经济发展和就业机会的增多,吸引了大量农村人口迁徙至城市。城市人口的快速增长带来了城市规划和公共服务的巨大挑战,如住房、交通、教育和医疗等。城市化的快速推进导致了许多环境问题。城市扩张占用了原本的农田和自然区域,导致生态环境退化。城市热岛效应、空气污染和水质污染成为重庆市面临的主要环境问题。

重庆的经济结构经历了由农业主导向工业和服务业并重的转变。工业方面,重庆是中国西南地区的工业中心,以汽车制造、机械制造、化工和电子信息等产业为主。服务业近年来也迅速发展,特别是金融服务、零售和旅游等行业。重庆的经济增长带来了显著的社会福利提升,但同时也面临着经济发展与环境保护的平衡问题。工业化进程中产生的环境污染和资源消耗问题日益严峻。

重庆的产业布局呈现出明显的空间分布特征。工业主要集中在主城区和经济技术开发区,特别是两江新区、长寿区和九龙坡区等。这些地区成为经济增长的主要动力,同时也是工业污染的重点区域。农业主要分布在重庆的远郊和山区,以传统农作物种植和畜牧业为主。近年来,生态农业和绿色食品产业得到了重视和发展。

重庆在经济快速发展的同时,面临着一系列社会和环境挑战。城市扩张对自然生态系统的压力日益增大,生态环境保护和可持续发展成为重要议题。城市化进程中的社会问题,如收入不平等、住房紧张和交通拥堵,也成为需要解决的关键问题。为应对这些挑战,重庆市政府实施了一系列政策,包括推进绿色发展、加强环境保护和治理、改善公共服务和基础设施,以及推动经济结构的优化和升级。环境保护和生态文明建设成为重庆市的重要发展方向。政府采取了一系列措施,如提升污水处理和废物回收能力、推广清洁能源、增加绿色植被覆盖和保护自然保护区等,以减少环境污染,保护生物多样性。

第2章
重庆市气候概况

2.1 重庆市基本气候条件

重庆市位于我国青藏高原与长江中下游平原之间的过渡地带,辖区内山脉众多,地形复杂,具有西南山地的显著特点。地势呈东北部高、西部低的特点,平均海拔约为 416 m(图2.1)。重庆市属亚热带季风性湿润气候,年均温差小、雨量丰沛、日照时间短、太阳辐射弱。境内水系发达,其中最大水系为长江,由南往北贯穿重庆全境,主要支流为嘉陵江和乌江。虽然降水丰沛,河流众多,但受极端高温干旱天气影响,易发生季节性干旱缺水。

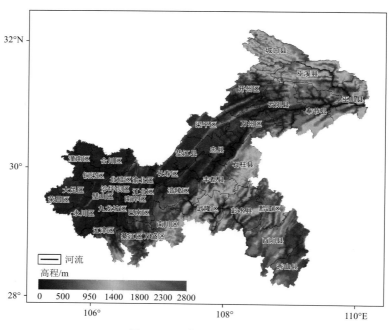

图 2.1 重庆市海拔分布

2.1.1 气温

气温是重要的气候要素之一,对生态系统中的生物生态学过程以及对水资源的分配和水循环有着重要的影响。为了和 NASA(美国航空航天局)卫星的生态遥感产品的研究时段相契合,利用 2000—2022 年重庆市 34 个气象台站,采用 ANUSPLINA 软件空间插值为栅格气象数据,从时间和空间上描述重庆市的气候概况。

图 2.2 是 2000—2022 年重庆市年平均气温空间分布图,栅格气温数据的统计结果显示,重庆市年平均气温为 15.92 ℃,高于年平均气温的面积占全市总面积的 59.92%,低于年平均气温的面积占 40.08%。从空间分布上看,西部、中部和长江沿岸、低海拔地区的气温较高,而东北部、东南部和高海拔地区的气温较低。统计不同区(县)的年平均气温(表 2.1),各区(县)年平均气温在 10.38~19.03 ℃,其中大渡口等中心城区的气温很高,在 17 ℃以上,最高年平均气温在大渡口区,为 19.03 ℃;城口县、巫溪县等东北部区县的气温很低,其中城口县最低,为 10.38 ℃。

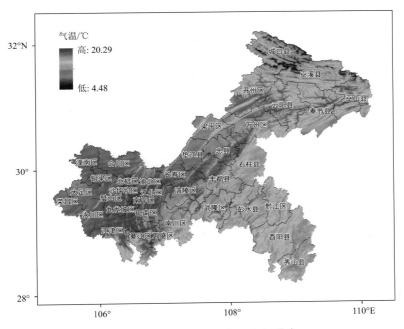

图 2.2　重庆市年平均气温空间分布

表 2.1　重庆市各区(县)年平均气温　　　　　　　　　　　　单位:℃

区县	气温	区(县)	气温	区(县)	气温	区(县)	气温
城口县	10.38	垫江县	17.33	黔江区	15.13	永川区	18.05
巫溪县	12.18	潼南区	18.22	大足区	17.71	九龙坡区	18.75
开州区	15.59	合川区	18.20	彭水县	15.20	南川区	15.57
巫山县	14.86	丰都县	16.05	巴南区	18.25	大渡口区	19.03
云阳县	16.31	长寿区	17.86	沙坪坝区	18.39	江津区	17.97
奉节县	14.58	渝北区	17.97	荣昌区	17.83	酉阳县	15.23
万州区	16.45	铜梁区	18.32	江北区	18.88	綦江区	17.37
梁平区	16.66	北碚区	17.79	武隆区	14.73	秀山县	16.12
忠县	17.35	涪陵区	17.21	南岸区	18.90	万盛区	16.96
石柱县	13.80	璧山区	18.29	渝中区	18.87		

重庆生态气象

图 2.3 是重庆市年平均气温年际变化空间分布情况,基于栅格气温数据的统计结果表明,重庆市年平均气温年际变化为 -0.0055 ℃/a,全市约有 47.50% 的面积变化大于 0,其余52.50% 的区域面积变化小于 0。从空间分布上看,年平均气温年际变化大的地区主要分布在重庆西部以及长江沿岸地区;变化小的地区主要分布在重庆市南部,东北部偏东地区。统计不同区(县)年平均气温的年际变化(表 2.2),各区(县)年平均气温年际变化在 -0.0607 ~ 0.0388 ℃/a,沙坪坝区、永川区等 19 个区(县)的年平均气温年际变化大于 0,其中沙坪坝区变化最大,为 0.0388 ℃/a,万盛区、巫山县等 20 个区(县)的年平均气温年际变化小于 0,其中万盛区最小,为 -0.0607 ℃/a。

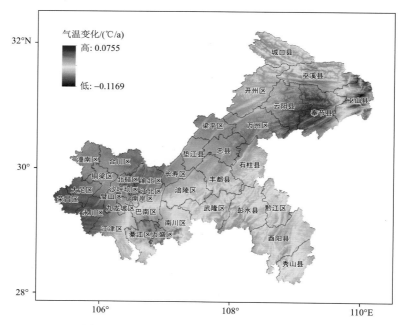

图 2.3 重庆市年平均气温年际变化空间分布

表 2.2 重庆市各区县年平均气温的年际变化

单位:℃/a

区(县)	气温	区(县)	气温	区(县)	气温	区(县)	气温
城口县	-0.0060	垫江县	0.0025	黔江区	0.0296	永川区	0.0341
巫溪县	-0.0082	潼南区	0.0174	大足区	-0.0171	九龙坡区	-0.0013
开州区	-0.0039	合川区	0.0213	彭水县	-0.0337	南川区	-0.0365
巫山县	-0.0542	丰都县	-0.0117	巴南区	0.0164	大渡口区	-0.0125
云阳县	0.0192	长寿区	0.0125	沙坪坝区	0.0388	江津区	-0.0026
奉节县	0.0261	渝北区	0.0233	荣昌区	0.0131	酉阳县	-0.0293
万州区	0.0151	铜梁区	0.0124	江北区	-0.0223	綦江区	-0.0451
梁平区	0.0151	北碚区	0.0233	武隆区	-0.0003	秀山县	-0.0264
忠县	0.0111	涪陵区	-0.0156	南岸区	0.0095	万盛区	-0.0607
石柱县	-0.0078	璧山区	0.0164	渝中区	-0.0343		

2.1.2 降水

降水是常用于描述气候概况的重要气候要素之一,对陆地生态系统的植被生长、人类和动物的水供应均具有重要影响。图 2.4 展示了 2000—2022 年重庆市年总降水量的空间分布图,根据栅格降水数据统计,重庆市的多年平均年总降水量为 1192.11 mm,大于多年平均年总降水量的面积占全市总面积的 46.61%,而小于的面积占 50.39%。从空间分布图可以看出,重庆市的降水主要集中在东南部和东北部地区,而西部和中部地区的降水量相对较小。具体数据显示(表 2.3),不同区(县)的年总降水量在 1023.48~1372.01 mm,其中城口县等 4 个区(县)的降水量较高,超过了 1300.0 mm,最大为城口县,达到 1372.01 mm;而荣昌区等 10 个区(县)的降水量较低,低于 1100.0 mm,其中荣昌区年降水量最低,仅为 1023.48 mm。

综上所述,重庆市年降水量呈现出明显的地理差异,东南部和东北部地区降水较多,而西部和中部地区降水较少。这些数据对于评估该地区的水资源状况、生态系统供水以及人类和动物的用水条件都具有重要作用。

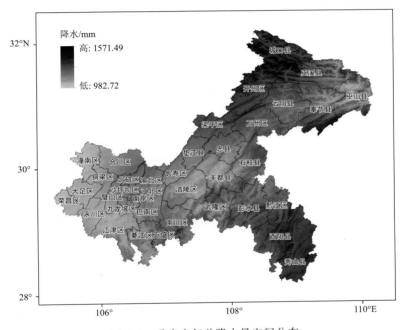

图 2.4　重庆市年总降水量空间分布

表 2.3　重庆市各区(县)年总降水量　　　　　　　　　　　　　　单位:mm

区(县)	降水量	区(县)	降水量	区(县)	降水量	区(县)	降水量
城口县	1372.01	垫江县	1154.68	黔江区	1245.37	永川区	1053.44
巫溪县	1259.97	潼南区	1025.57	大足区	1038.64	九龙坡区	1092.57
开州区	1340.10	合川区	1116.72	彭水县	1219.63	南川区	1169.25
巫山县	1158.80	丰都县	1116.73	巴南区	1119.92	大渡口区	1091.45
云阳县	1220.72	长寿区	1120.65	沙坪坝区	1134.54	江津区	1073.26
奉节县	1225.63	渝北区	1148.63	荣昌区	1023.48	酉阳县	1310.25

区(县)	降水量	区(县)	降水量	区(县)	降水量	区(县)	降水量
万州区	1235.88	铜梁区	1075.98	江北区	1121.12	綦江区	1122.15
梁平区	1252.86	北碚区	1163.01	武隆区	1160.48	秀山县	1333.12
忠县	1159.05	涪陵区	1097.64	南岸区	1121.24	万盛区	1185.51
石柱县	1192.73	璧山区	1093.52	渝中区	1125.22		

图 2.5 显示了重庆市年总降水量年际变化空间分布情况,基于栅格降水数据的统计结果揭示,重庆市年总降水量的年际变化为 5.5614 mm/a,全市约有 95.54% 的面积年际降水量呈上升趋势,而其余 4.46% 的区域面积呈下降趋势。从空间分布角度来看,年总降水量年际变化较高的地区主要分布在重庆市的南部连片地区,以及梁平区、巫溪县等地也出现了零星变化大的区域;变化较小的地区主要位于重庆市的东部和西部等地。根据表 2.4 所示,对各个区(县)的年总降水量的年际变化进行统计,结果显示,各个区县的年际变化在 0.3149～11.2510 mm/a。其中奉节县的年际变化最小,而大渡口区则展现了最大的年际变化。此外,有 23 个区(县)的年际变化高于全市的平均变化,而有 16 个区(县)的年际变化低于全市的平均变化。综上所述,不同区域的降水量年际变化差异明显,探清各区域降水量的变化情况,能为防灾减灾工作提供科学依据和决策支持。

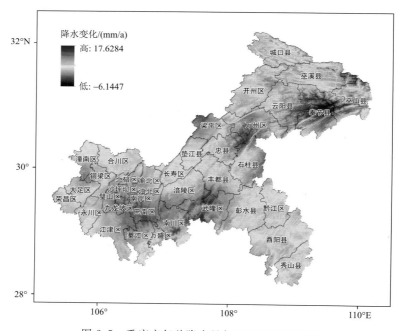

图 2.5 重庆市年总降水量年际变化空间分布

表 2.4 重庆市各区(县)年总降水量的年际变化

单位:mm/a

区(县)	降水量	区(县)	降水量	区(县)	降水量	区(县)	降水量
城口县	5.3517	垫江县	5.9807	黔江区	5.3754	永川区	6.0533
巫溪县	6.4941	潼南区	3.4892	大足区	3.7398	九龙坡区	10.7025

续表

区(县)	降水量	区(县)	降水量	区(县)	降水量	区(县)	降水量
开州区	5.0534	合川区	4.3812	彭水县	5.7786	南川区	9.2695
巫山县	3.4741	丰都县	6.4319	巴南区	10.6501	大渡口区	11.2510
云阳县	2.4243	长寿区	5.2511	沙坪坝区	9.8453	江津区	8.1325
奉节县	0.3149	渝北区	7.4977	荣昌区	6.0690	酉阳县	5.0009
万州区	2.0668	铜梁区	4.5151	江北区	8.3262	綦江区	7.8794
梁平区	8.1846	北碚区	7.5595	武隆区	10.5769	秀山县	5.3790
忠县	3.1759	涪陵区	7.6603	南岸区	9.5429	万盛区	6.6520
石柱县	2.5777	璧山区	9.1159	渝中区	9.5055		

2.1.3 日照时数

日照时数是一项重要的气候要素,常被用来描述气候的基本概况。地区的日照时数较长意味着太阳辐射较强,对植物的光合作用有着重要影响。图 2.6 是重庆市多年平均年总日照时数空间分布情况,通过栅格日照时数数据的统计分析,得知重庆市多年平均年总日照时数为1195.78 h。有 36.25% 的地区的日照时数高于这一平均数,分布在忠县以北的北部地区;而有 63.75% 的地区的日照时数低于平均数,分布在忠县以南的南部地区。根据对不同区(县)年总日照时数的调查统计(表 2.5),发现各区(县)的年总日照时数在 1047.48～1502.32 h 变化,其中彭水县的日照时数最少,而城口县则是最多的地区。综上所述,重庆市的多年平均年总日照时数在不同地区呈现出明显的空间分布特征,这些数据对于我们了解和研究重庆市的气候状况以及其对植被生长的影响非常有价值。

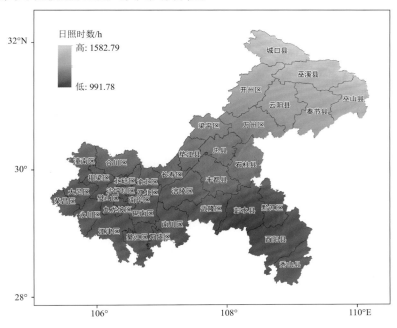

图 2.6　重庆市年总日照时数空间分布

表 2.5　重庆市各区(县)年总日照时数　　　　　　　　　　　　单位:h

区(县)	日照时数	区(县)	日照时数	区(县)	日照时数	区(县)	日照时数
城口县	1502.32	垫江县	1184.00	黔江区	1063.96	永川区	1101.05
巫溪县	1473.99	潼南区	1134.56	大足区	1100.67	九龙坡区	1095.44
开州区	1344.04	合川区	1148.19	彭水县	1047.48	南川区	1087.56
巫山县	1434.82	丰都县	1167.47	巴南区	1103.07	大渡口区	1095.22
云阳县	1326.65	长寿区	1147.92	沙坪坝区	1099.25	江津区	1097.67
奉节县	1354.16	渝北区	1127.55	荣昌区	1103.91	酉阳县	1057.10
万州区	1237.38	铜梁区	1110.89	江北区	1107.90	綦江区	1084.52
梁平区	1222.43	北碚区	1126.87	武隆区	1089.09	秀山县	1080.55
忠县	1194.84	涪陵区	1131.60	南岸区	1103.21	万盛区	1084.11
石柱县	1187.39	璧山区	1098.90	渝中区	1097.39		

　　图 2.7 显示了重庆市年总日照时数年际变化的空间分布情况,基于栅格日照时数数据的统计结果显示,重庆市年总日照时数年际变化为−4.4863 h/a。进一步分析发现,全市约有16.52%的面积日照时数变化大于 0,而其余 83.48%的区域面积变化小于 0。这表明重庆市的年总日照时数整体呈下降趋势。从空间分布来看,年总日照时数年际变化较大的区域主要集中在重庆市的西部和东南部,而变化较小的区域主要分布在重庆市中部以及东北部偏东的地区。通过对各区(县)的统计数据进行分析(表 2.6),得知各区县年总日照时数年际变化的范围在−10.2283～4.9959 h/a。其中,巫溪县的变化最小,而荣昌区的变化最大。另外,有 22个区县的年总日照时数年际变化大于全市平均,而有 17 个区县的变化则低于全市平均。

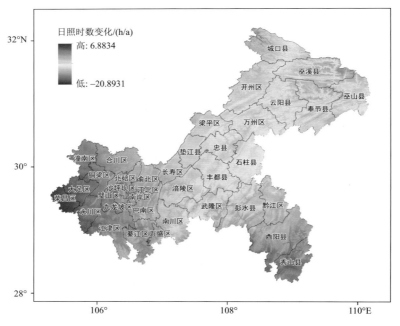

图 2.7　重庆市年总日照时数年际变化空间分布

以上提供了有关重庆市年总日照时数变化的信息，为深入分析重庆市日照时数的变化趋势提供了依据。同时也能为决策者提供重要参考，以便制定合适的农业耕作策略，以应对日照时数变化带来的潜在影响。

表 2.6　重庆市各区（县）日照时数的年际变化　　　　　　　　　　　　单位：h/a

区（县）	日照时数	区（县）	日照时数	区（县）	日照时数	区（县）	日照时数
城口县	−5.4354	垫江县	−5.9755	黔江区	−3.8983	永川区	1.9794
巫溪县	−10.2283	潼南区	1.2862	大足区	2.6521	九龙坡区	−0.7738
开州区	−5.9270	合川区	−1.1245	彭水县	−4.7112	南川区	−4.7960
巫山县	−8.7926	丰都县	−7.6122	巴南区	−2.3628	大渡口区	−1.2367
云阳县	−7.9773	长寿区	−4.5650	沙坪坝区	−0.7581	江津区	0.1957
奉节县	−9.6781	渝北区	−2.6931	荣昌区	4.9959	酉阳县	−1.2778
万州区	−6.8891	铜梁区	0.8610	江北区	−1.5263	綦江区	−0.9921
梁平区	−5.7463	北碚区	−1.9302	武隆区	−6.4696	秀山县	1.0577
忠县	−6.7237	涪陵区	−5.7672	南岸区	−1.5324	万盛区	−2.1069
石柱县	−7.9394	璧山区	−0.0518	渝中区	−0.9989		

2.2　气候变化对生态环境要素的影响

联合国政府间气候变化专门委员会（IPCC）发布的最新一次报告（IPCC 第六次评估报告（AR6）），与第五次评估报告（AR5）相比，AR6 以更强有力的证据进一步证明了近百年来全球变暖这一客观的气候变化事实（周波涛，2021）。伴随着全球增暖幅度的增大，气候系统的许多变化将加剧，主要表现在高温热浪、极端降水、台风、洪涝等极端天气事件发生的强度和频率上（袁宇锋 等，2022），气候变化已对生态系统产生显著影响（朴世龙 等，2019）。本节从目前研究的热点考虑，植被作为陆地生态系统的主体部分，相关研究丰富，对于揭示气候变化对生态系统的影响具有十分典型的作用，因此以植被为例，探讨气候变化对生态系统的影响。

植被作为陆地生态系统的主体部分，是连接土壤、大气和水分的自然"纽带"，对外界环境的变化较为敏感，在全球变化研究中具有"指示器"的作用（孙红雨 等，1998）。植被参数能够对生态系统的结构、过程和功能进行表征，是生态系统最主要的参量之一（赵燕红 等，2021）。植被指数易于提取计算，是最常用于表征植被参数的方法，其原理是根据植被的光谱特征，不同光谱反射率经线性或非线性组合，在一定条件下可以用来描述植被的生长状况，简单的植被指数有差分植被指数、比值植被指数和归一化差分植被指数，其中归一化差分植被指数（ND-VI）被广泛用于植被变化的监测。

在全球尺度上，Piao 等（2020）基于多源集成的 NDVI、叶面积指数（LAI）、增强植被指数（EVI）、陆地植被的近红外反射率（NIRv）等遥感数据，综述了关于全球植被变绿的各驱动因子，包括二氧化碳施肥效应、气候变化、土地利用变化、氮沉降等，气候变化是除了二氧化碳施肥效应以外，对植被生长影响最大的因子之一，表明了由人为因素导致的区域增温和降水趋势变化等气候变化对植被变绿有较大影响，但这种影响在不同区域可能会有差异。Ichii 等（2001）分析了年度和季节 NDVI 的变化与气候变量之间的相关性，结果表明春季和秋季北半球中高纬度地区 NDVI 变化与气温显著相关,而南北半球半干旱区的 NDVI 变化与气温、降水均显著相关;同时得出了北半球中高纬度地区的 NDVI 增加与气温上升有关,南半球半干旱地区的 NDVI 下降是由于该时期降水量减少导致的结论。Wu 等(2015)利用全球监测与模型研究组(GIMMS)NDVI 和英国东英格利亚大学气候研究所(CRU)温度、降水和太阳辐射等时间序列数据集定量探讨了全球植被对不同气候因子响应的时滞效应,结果表明温度、降水和太阳辐射这三个气候指标解释了全球 64.04% 的植被生长,当考虑时滞效应时,解释相对增加 11.24%;在全球范围内的结果表明,温度是驱动植被 NDVI 变化的主要因素,占植被 NDVI 发生显著变化像元数量的 45.09%,相比之下,降水和辐射分别占 15.72% 和 20.72%。

在区域尺度上,Verbyla(2008)使用 1982—2003 年的数据,分析了美国阿拉斯加植被绿化和褐变的原因,其中苔原 NDVI 增加与气候变暖有关,而阿拉斯加北方森林 NDVI 的变化与降水、温度之间没有显著关系。Donohue 等(2009)使用数据研究了澳大利亚植被覆盖率是否对气候生长条件的变化存在不同响应的科学问题,研究表明,在降水量减少的气象站点,其植被覆盖度同样减少,气候变化影响着植被的生长。耿庆玲等(2022)采用趋势分析和残差分析研究了我国 NDVI 对气候和人类活动的响应,发现我国植被改善区域有 23.6% 面积是气候变化引起的,在植被退化区域,40.0% 是由气候变化引起的。刘宪锋等(2015)利用 GIMMS、中分辨率成像光谱仪(MODIS)两种 NDVI 和气象站点数据,使用相关分析方法,得出我国植被覆盖增加是气候变化和人类活动共同驱动的结果,其中东北地区和新疆北部等植被覆盖的下降可能是由降水的减少导致。谢宝妮(2016)基于美国国家海洋和大气管理局(NOAA)发布的陆地长期数据记录(LTDR)NDVI,利用偏相关分析及残差分析等方法研究了黄土高原 1982—2014 年植被覆盖对气候变化的响应,以及气候变化和人类活动对黄土高原植被覆盖变化影响的相对贡献率,主要结果为气候变化对黄土高原植被变化的贡献占据主导地位,贡献率为 77%;黄土高原 28% 的区域植被生长主要受到气温影响,17% 的区域植被生长主要受到降雨影响,39% 的区域植被生长受到降雨和气温共同影响。

在重庆市,现已开展了大量的气候变化对植被生长影响的研究。如刘兴钰(2019)基于 2000—2017 年的 MODIS NDVI 和气象数据,运用偏相关分析和残差分析等方法,探讨了人类活动与气候变化对植被 NDVI 的影响,以及气候变化对植被 NDVI 的影响,得出重庆市 NDVI 在时间序列上与气温的响应没有体现出明显的一致性,而降水显示出明显的一致性,且两者保持逐渐上升趋势;在空间上重庆 NDVI 受气温降水的共同作用较大,植被覆盖与气温、降水在空间上呈现出正相关为主的趋势。李惠敏(2010)利用相对固定的地形因子,长时间累计变化的温度、降水等气候因子,人口分布、GDP 增加及城市化过程等的人为因子,主要研究地形因子、气候因子和人为因子与植被覆盖之间的关系,研究结果表明,其中气候因子对植被指数有较大影响,主要表现在旬 NDVI 与同期降水总量、平均气温均有较好的相关性,但 NDVI 与平均气温相关性远远大于与降水总量的相关性。林德生(2011)利用 1960—2009 年气温及降水数据、2000—2009 年 MODIS NDVI 数据集,分析了三峡库区近 50 年气候变化特征以及库区近 10 年植被覆盖变化特征及其与气候因子的相关关系,结果表明植被 NDVI 与年均气温、降水均具有正相关关系,但植被 NDVI 与年降水相关性显著,而与年均气温相关性不显著,得出年降水量是影响三峡库区植被年际动态变化的主要气象因子。

第 3 章
农田生态气象

3.1 重庆市农田生态气候特点

3.1.1 农田生态气象影响与农田生态现状

农田生态系统是农业生态系统中的一个主要亚系统,是一种被人类驯化了的生态系统。农田生态系统不仅受自然规律的制约,还受人类活动的影响。温度、光照、水分是农田生态系统的自然环境组分,是从自然生态系统中继承下来的。与自然生态系统不同的是,在与农田结合以后,它们必然不同程度地受到人类的调节与控制。农田生物的整个生命活动必须依赖于自然环境,气候作为自然资源直接或间接地为农田生物提供能量和物质。

通过近地气层与农田植物群落、土壤的物理过程和生物过程的相互作用,气候不仅对农田生态产生影响,其本身的一部分也成为了农田生态系统的组分。农田小气候的变化造成作物产量、质量的波动,作物也通过光合作用、呼吸作用、蒸腾作用对小气候起到反馈作用。生产者会利用气象传递的信息,对气候资源加以利用,并通过人工干预,选择、调节和改善田间小气候,提高农田产出的稳定性,达到农产品高产、稳产、质优的目的。

农田生态系统作为一种人工生态系统,受人类活动的影响。也因此气候对农田生态的影响过程伴随着人类活动的干预,使其相较气候对自然生态的影响更为复杂。按受影响的对象划分,气候变化对农田生态的影响有以下几个方面。

①对农田植物的影响。光照、温度、水分等气象条件是农作物以及杂草等农田生态系统的主要生产者的能量来源,气象条件直接影响农田植物长势。如温度高会导致作物生育进程加快,开花期提前;降水少,土壤水分不足,作物萎蔫枯死等。在全球气候变暖的大背景下,气候变化对我国许多地区的农田作物种植产生了明显的影响。有研究结果表明,中国北部冬小麦遭受低温冻害的影响整体减弱,但由于气候变化的不稳定性增加,冬小麦越冬期更易遭遇中度至重度冻害(孟繁圆 等,2019);青海省青稞生育期时长缩短,播种期推迟,成熟期提前(李瑶 等,2022)。

②对动物和微生物的影响。农田中虫、病菌等作为农田植物的消耗者,其种类和数量受植物和气象条件的综合影响。中国是农业大国,在历史上发生过多次病虫害,而几乎所有大范围爆发性的农作物病虫害的发生都和气象条件密切相关,并常与气象灾害相伴发生。暖冬对农作物病虫的越冬十分有利,同时温度的上升缩短了病虫、病菌孵化、发育所需时间,病虫的世代增多(杨新 等,2002)。气候变暖还会引起生物种间关系变化。温度升高破坏了原先的种群食物链关系,害虫因得不到天敌的控制而迅速繁殖,虫害爆发(程遐年 等,1994)。

③对土壤环境的影响。气象条件不仅影响土壤中水分的含量,气候的变化也会改变土壤的性质。这些影响包括降雨量和降雨强度的增加,造成水土流失加重;酸雨增多,加剧土壤酸化;土壤温度升高,导致土壤有机质含量下降等。已经有研究表明,气候变化导致的土壤水资源匮乏,已造成我国陕、甘、宁、青、新、蒙6省(区)原生和次生盐渍地达总耕地面积的9.4%(秦大河 等,2002)。

④对人工活动的影响。农田生态受人工控制,人类在耕作过程中不断从系统外部补充氮、磷、钾等元素,土壤肥力也因此发生变化。另外,人类还通过农业设施等对农田光温等气象要素进行控制。这些人工环境改造工作的发生,大多源于对农田生态直接或间接受自然环境影响的应对。由此可见,气象条件对施肥、灌溉、病虫害防治、设施栽培等通过社会资源的投入来改变农田生态的人工调节或控制措施的采用造成影响。

农田生态系统是典型的人工生态系统,其主要功能为持续生产量多质优的农产品,以满足人类需求。因地域气候、地形、作物的差异性,地区间具有不同的农田生态气候特点。重庆市农村面积广大,农业人口居多且农业资源相对不足,人多地少,人地矛盾尖锐,坡耕地数量多,水土流失严重,自然灾害频繁,加之受三峡工程淹没耕地、移民安置等的影响,农业生态环境进一步恶化,农田生态系统呈现出如下特征(李美荣,2012)。

①土壤酸化严重。生产经营者对作物产量的过度追求,过量施肥或用单一无机肥料等不合理用肥施肥方式,是加速土壤酸化的原因之一。另外,重庆市是西南地区重工业基地,加之地形与气候特殊,导致空气污染严重,一度是世界著名的重酸雨中心之一(许安全,2020)。雾水、露水和雪水均受到严重污染,大面积的酸沉降加剧了土壤酸化。土壤酸化使土壤结构退化,宜种度降低,导致植物长势变弱甚至死亡,产量下降,品质变劣,病虫害加剧。

②水土流失严重。根据《重庆市推进农业农村现代化"十四五"规划(2021—2025年)》,目前全市水土流失面积达2.51万km^2,占全市总面积的30.5%。其中,三峡库区水土流失和石漠化严重,威胁库区安全,水土流失面积1.57万km^2(占全市水土流失面积的62.5%),水土流失率34.1%,高于长江流域15.8%的平均水平,是长江经济带和长江上游水土流失最严重的区域之一。

③土壤污染严重。全市每年使用农膜3.0 t左右,其中地膜用量占70%左右,大部分为一次性地膜,使用后相当部分残留在土壤中,不能分解消失,日积月累已形成白色公害;年平均每亩*化肥施用达100 kg(以氮肥为主,施肥结构不合理),农药施用量达0.6 kg,长期大量施用化肥和农药,不仅使土壤结构变差,形成污染,也使作物产品受到污染;此外,土壤还不同程度受到肥渣、大气沉降物和污水的污染。

④群落结构单一,抗逆性差。重庆市农田兼具农田生态系统的普通特性,群落结构单一,抗逆性差。农田生态系统的物种是人工选择和培育的结果,物种较为单一,造成了农田的抗逆性较低,结构简单、系统稳定性差,抵御自然灾害能力弱。

3.1.2 重庆农田生态气候特点

重庆属亚热带季风性湿润气候,地形由南向长江河谷倾斜,山地丘陵占全市面积的76%。地形高低悬殊,海拔高差超过2700 m。在气候变暖的大背景下,重庆农田生态气候也跟随着全球

---

* 1亩≈666.67 m^2,下同。

气候变化的节奏。叠加山地丘陵群体的影响,重庆农田生态系统还具有独特的山地小气候特点。

3.1.2.1 农田水分

（1）降水

降水是影响农田生态的重要自然环境因素之一。一方面,降水可以增加农田土壤湿度,促进作物生长,增加作物生产力,从而增加土壤的碳输入。重庆市是我国西南"雨养农业"地区,农作物生长依赖降雨,降水短缺对农田净生态系统交换、农作物产量有显著影响。另一方面,降水对土壤有侵蚀作用,引起水土流失。重庆地形以山地丘陵为主,田地坡度较平原地区大,夏季暴雨过程降雨量和强度大,易加重水土流失。

图 3.1 是重庆市年降雨量空间分布,从图中可以看到,重庆降雨量充沛,且空间分布较为均衡,总体上能保证对农田生态系统的水分供给。全市仅潼南西部年降雨量在 1000 mm 以下,东南部大部、东北部偏北等地年降雨量在 1200 mm 以上,其余地区年降雨量在 1000~1200 mm。

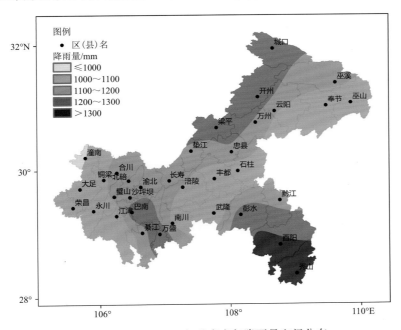

图 3.1　1961—2020 年重庆市年降雨量空间分布

图 3.2 为 1961—2020 年重庆市逐年年平均降雨量与其变化趋势。从图中可以看到,近 60 年,重庆市年平均降雨量最小值为 869.0 mm,出现在 2001 年;最大值为 1425.3 mm,出现在 1998 年。全市年平均降雨量呈波动上升趋势,但倾向率仅为 0.83 mm/(10 a),表明全市年平均降雨量上升的趋势很缓慢。

（2）蒸散

蒸散是地表水分与植物体内水分向大气输送的总的水汽能量,是维持陆面水循环与能量平衡的重要组成部分。农田蒸散主要包括农田生态系统中植被蒸腾与土壤水分、植被截留水分蒸发（王宇 等,2010）,是农田能量转化和物质循环的重要环节。当农田生态系统达到水量平衡时,才能创造最大的产品价值。重庆市是典型的山区城市,多丘陵和山地地形,同时,重庆市大部分地区为喀斯特地貌区,山区农田灌溉用水短缺,整体上农灌水有效利用率较小（张威

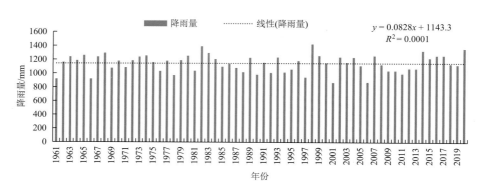

图 3.2　1961—2020 年重庆市年平均降雨量逐年变化

等,2020)。因此,降水与蒸散的平衡,在很大程度上影响重庆农田生态系统将能量转换为农产品的能力。降水与蒸散的失衡在重庆表现为 5 月、6 月易发生渍害;7 月、8 月易发生伏旱。它们是影响重庆水稻、玉米等大春农作物产量的主要灾害。

图 3.3 为 1961—2020 年重庆市年平均潜在蒸散量与其逐年变化趋势。从图中可以看到,近 60 年,重庆市年平均潜在蒸散量最小值为 807.8 mm,出现在 1982 年;最大值 1002.0 mm,出现在 1978 年。与全市年平均降雨量变化趋势相反,全市年平均潜在蒸散量呈波动减少的趋势,倾向率为 −2.8 mm/(10 a)。

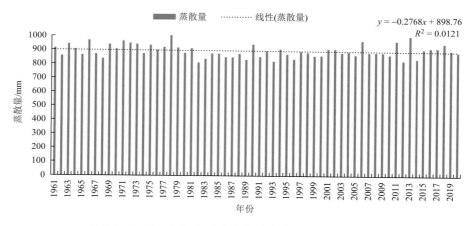

图 3.3　1961—2020 年重庆市年平均潜在蒸散量逐年变化

从空间分布上看(图 3.4),重庆市蒸散具有明显的区域差异,总体表现为:自西向东北方向增加,向东南方向减少。重庆中西部年均蒸散量普遍在 900~950 mm。重庆东北部与东南部同属山区,但年均蒸散却表现出很大的差异,东北部偏东的云阳、奉节、巫山、巫溪超过 1000 mm,东南部的黔江、彭水、酉阳在 850 mm 以下。在不同季节,重庆市春、夏、冬三季蒸散均呈显著下降趋势,秋季的变化不明显。重庆市蒸散的影响因素主要为日照和气温(罗孳孳 等,2012)。

（3）土壤水分

农田土壤水分的主要来源为降水,另外,植物表面形成的水平降水(露、霜等)、植被截留的地表径流等也是农田土壤水分的来源。而植物蒸腾与株间土壤蒸发则消耗了农田土壤水分。植被疏密对农田土壤湿度有较大影响,作物密度不太大的农田,土壤上层(0~50 cm)湿度要小

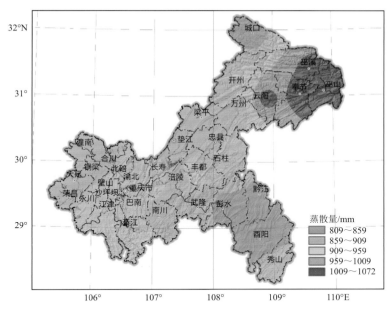

图 3.4　重庆市年平均蒸散量空间分布

于裸地。作物密度大,地表蒸发小,且水汽难以逸散,植物根系可从深层土壤吸水供蒸腾用,则可能出现农田上层土壤湿度高于裸地的现象(钟阳和 等,2009)。

图 3.5 为重庆市土壤水分自动站 0～50 cm 各层平均土壤相对湿度逐月变化,从图中可以看出,重庆市 0～50 cm 各层平均土壤相对湿度最高值均出现在 11 月,最低值均出现在 8 月。冬春季的 12 月—次年 5 月,各层土壤相对湿度均在 70%～80%,且层次间差异较小。3—6 月,各层土壤相对湿度缓慢上升,7—8 月,显著下降。8 月 10 cm、20 cm 土壤耕作层湿度低于 60%,达到轻度土壤干旱等级,这反映出重庆 8 月农田蒸散量总体大于降水量的特点。在没有灌溉的情况下,农田水分收支不平衡,土壤失墒缺水,发生旱灾,对农作物生长发育产生不利影响。

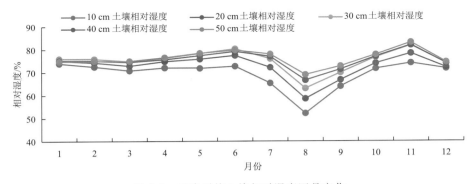

图 3.5　重庆平均土壤相对湿度逐月变化

3.1.2.2　农田热量

根据热力学第一定律,能量既不能产生,也不能消灭,只能从一种形式转化为另一种形式。在农田中,能量形式有辐射能、热能、动能、势能和生物能等。输入能量来自于辐射能,而输出能量则可以是其余若干种能量的混合体。农田热量的变化，即是不同形式能量转化的表现。因此，常将农田热量平衡称为能量平衡。农田中经常出现的能量传输方式有辐射、传导、对流（包括乱流）、同化和异化过程等。农田活动面获得的热量主要用于和大气之间乱流热交换、农田蒸散耗热以及茎、叶和土壤之间的热量交换。农田活动层和大气之间通过对流（包括乱流）作用交换热量的过程，即表现为农田小气候温度的变化。气温直接影响农田显热交换（感热交换），当气温比农田活动层温度低时，热量向大气输送，反之，则热量向活动层输送。

图 3.6 为重庆市年平均气温空间分布。从图中可以看到，重庆市热量以西部和长江沿线河谷地区最为充足，年平均气温在 18 ℃以上，东部城口、酉阳等地年平均气温在 16 ℃以下，其余地区在 16～18 ℃。

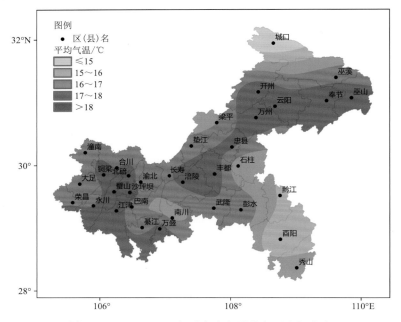

图 3.6　1961—2020 年重庆市年平均气温空间分布

图 3.7 为 1961—2020 年重庆市年平均气温与其逐年变化趋势。从图中可以看到，近 60 年，重庆市年平均气温最小值为 16.85 ℃，出现在 1996 年；最大值为 18.69 ℃，出现在 2006 年。全市年平均气温呈波动上升趋势，倾向率为 0.08 ℃/(10 a)。

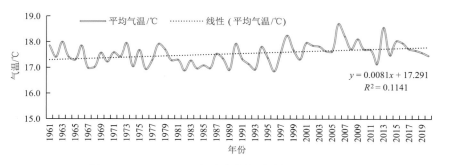

图 3.7　1961—2020 年重庆市年平均气温逐年变化

重庆以山地丘陵为主,地形气候的差异深刻影响农田作物生长发育和气象灾害的发生状况。各种类型山地均广泛存在逆温现象,在某些季节和某些天气条件下,出现强弱程度不同的逆温层(钟阳和 等,2009)。

图 3.8 为重庆巫溪县大官山南坡梯度气象站各月白天和夜间平均气温随海拔高度变化。从图中可以看到,各月白天和夜间平均气温随海拔高度的降低,整体表现为趋势性上升。但在海拔 1900 m、1200 m、400 m 位置存在逆温现象。而形成的原因可能是冷空气沿坡面下滑,受小地形、植被阻滞或至山麓,形成冷空气聚集,出现持续性或间歇性气温偏低的"冷湖",而在"冷湖"面之上形成温度相对高的"暖带"。这反映出重庆山区农田小气候的显著特征,与平原地区存在明显的差异。

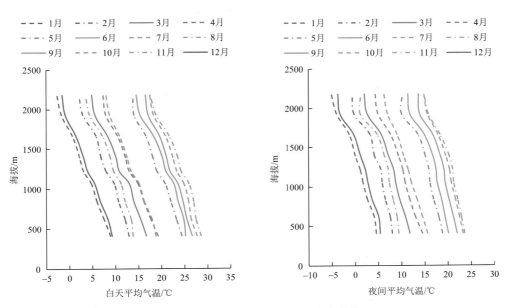

图 3.8 昼夜月平均气温随海拔高度变化

农田中植被上方晴昼气温廓线的日变化是日出前接近地面最低温度出现的时候,大气最低层为逆温。这是由于地面穿过大气"窗"放射长波辐射,使地面冷却而产生辐射逆温。地面低温促使大气低层向下输送显热通量,因此低层大气也随之冷却。如果风平静下来,这种显热损耗可以同辐射通量损耗叠加起来,甚至为辐射通量损耗所取代。日出后,由于太阳辐射加热,向上显热通量使最低层空气增暖,并逐渐发展。对流性增暖使邻近地面产生不稳定层,其厚度随时间增长。到中午时增暖使温度递减廓线伸展到整个边界层。在黄昏时地面冷却,重新建立一个地面辐射逆温层,空气仍保持微弱不稳定,随后逆温加强。稳定层增厚,直到日出后,逆温破坏,近地层气温升高,又重新开始进入新的日温波动。

3.1.2.3 农田光照

到达地表的太阳辐射取决于太阳高度角、大气透明度、海拔高度等因素,随着太阳高度角、大气透明度、海拔高度的增大,农田接受到的太阳直接辐射、总辐射均增加。坡地方位和地形形态的小地形因素也影响农田接收到的太阳辐射、日照时数。

（1）日照时数

图 3.9 为重庆市年日照时数空间分布，从图中可以看到，重庆日照时数总体呈"北多南少"的空间分布特征。东北部日照时数在 1300 h 以上，中部大部在 1100～1300 h，西部大部及东南部日照在 1100 h 以下。

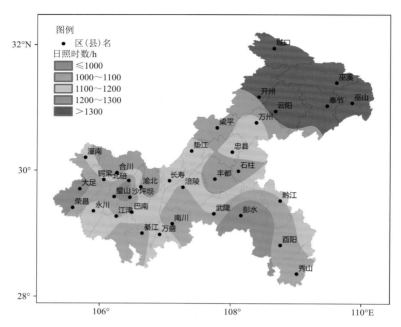

图 3.9　1961—2020 年重庆市年日照时数平均值空间分布

图 3.10 为 1961—2020 年重庆市年平均日照时数与其逐年变化趋势。从图中可以看到，近 60 年，重庆市年平均日照时数最小值为 906 h，出现在 2012 年；最大值为 1544 h，出现在 1978 年。全市年平均日照时数呈波动减小趋势，倾向率为－39 h/(10 a)，表明全市年平均日照时数下降的趋势较为明显。

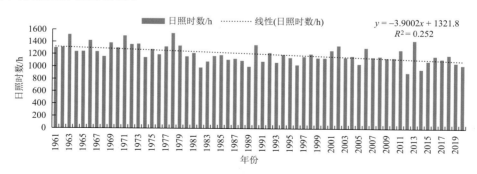

图 3.10　1961—2020 年重庆市年平均日照时数逐年变化

（2）辐射

从空间上，重庆市辐射全年都表现出西北部和中部的丘陵、低山地区能接收较多的太阳直射，一般为当月的天文辐射中高值区。东北部与东南部的山地地区的天文辐射分布则很不均匀。

从时间上,重庆市全年最大天文辐射出现在冬季(12月)和夏季(7月),数值在1230～1270 MJ/m²。全年最小天文辐射出现在春季(2月)和秋季(9月),数值在1150～1190 MJ/m²。全年各月天文辐射最小值的差异非常明显,在10月—次年3月的冬半年中,各月均有天文辐射最小值为1 MJ/m²。而在4—9月的夏半年,月总量均在46 MJ/m²以上,夏季7月最小值更高达389 MJ/m²(史岚,2003)。

3.1.3 小结

重庆市农田生态受气候变化和人类活动的持续影响,呈现出土壤酸化、水土流失、土壤污染严重与群落结构单一,抗逆性差等主要特点。重庆市年平均降雨量在1100 mm以上,大于年平均蒸散量,总体上能保证对农田生态系统的水分供给;年平均气温在17 ℃以上,热量充足;年平均日照时数在1200 h,属于全国的低值区。在"降水充沛、热量充足"的气候条件下,重庆农业形成了"三熟不足,两熟有余"的种植制度和以"雨养为主"的用水方式,农田生态总体平衡。但随着气候变化加剧,地区气温上升、降雨不均衡以及生产上农药化肥施用量的增加,导致了重庆农田生态环境承压。

3.2 重庆市主要农作物种植结构

3.2.1 重庆农作物种植业的特点

3.2.1.1 农业种植"品种多、规模小"

重庆辖区内,北有大巴山、东有巫山、东南有武陵山、南有大娄山,地势由南北向长江河谷倾斜。境内山高谷深,沟壑纵横,山地面积占76%,丘陵占22%,河谷平坝仅占2%。其中,海拔500 m以下的面积3.18万km²,占幅员面积38.61%;海拔500～800 m的2.09万km²,占幅员面积的25.41%;海拔800～1200 m的1.68万km²,占幅员面积的20.42%;海拔1200 m以上的1.28万km²,占幅员面积的15.56%。

山地丘陵为主的地形地貌与亚热带季风气候共同塑造了重庆独具多样性的山地气候生态环境。这种多样性为不同种类的作物栽培创造了条件,形成了重庆农业种植"多元化"的特点。重庆全市有栽培作物560多种,种植面积最大的是水稻、玉米、红薯、马铃薯、油菜等粮油作物及蔬菜。除此之外,青菜头、茶叶、花椒、烤烟等名优经济作物在重庆也有较大的种植面积。涪陵是全国著名的"榨菜之乡",黔江区被誉为"烤烟之乡"。果树作物主要有柑橘、梨、李、桃、枇杷、龙眼等,尤以柑橘最具盛名,有"柑橘之乡"的美誉。

独特的地形地貌在赋予重庆丰富的立体气候资源的同时,山高坡陡、沟壑纵横也导致了耕地资源的稀缺。全重庆市耕地3500多万亩,常住人口人均1.16亩,仅为全国平均水平的77%,户均不足5亩。15°以上坡耕地占51%,单块1亩以下耕地占80%以上,耕地分散在3处以上农户占比高达60%。这样的条件,无法像北方平原地区那样实现农业产业大规模发展。在"鸡窝地""巴掌田"上发展山地特色、规模适度的种植业,是重庆现代农业的发展方向。

3.2.1.2 山地特色农业"发展快,品质高"

2018年,乡村振兴开局伊始,重庆市委、市政府深入学习贯彻习近平总书记关于"三农"工作重要论述,贯彻落实党中央决策部署,制定了一系列配套措施和工作方案,完成了巴渝推进乡村振兴的政策体系设计,明确提出"扎实推进农业高质量发展,大力发展现代山地特色高效农业"。以农业种植结构调整为抓手推进山地特色农业种(养)植,重点发展柑橘、榨菜、柠檬、生态畜牧、生态渔业、茶叶、中药材、调味品、特色水果、特色粮油十大山地特色高效产业集群。集中打造长江三峡柑橘产业带、渝遂高速沿线蔬菜产业带、库区青菜头产业带及秦巴武陵山中药材产业带。

经过"十三五"农业高质量发展,重庆形成了粮食安全基础得到夯实,柑橘、榨菜、柠檬、茶叶、中药材、调味品、特色水果等山地特色高效农业不断壮大的种植格局。"米袋子""菜篮子"得到有效保障,现代山地特色产业发展面积达 3100 万亩,综合产值达到 4500 亿元。

3.2.2 主要农作物种植现状

3.2.2.1 粮食等重要农产品

(1)水稻

水稻是重庆第一大粮食作物,稻田海拔跨度大,分布在海拔 150~1500 m(李经勇 等,2012)。2021 年,重庆市水稻种植面积为 65.89 万 hm²,占全市粮食作物种植面积的 32.7%。从图 3.11 中可以看到,2011—2021 年,重庆市水稻种植面积保持稳定,除 2015 年以外,均在 65.00 万 hm² 以上。种植面积最大的年份为 2016 年,达到了 66.09 万 hm²。

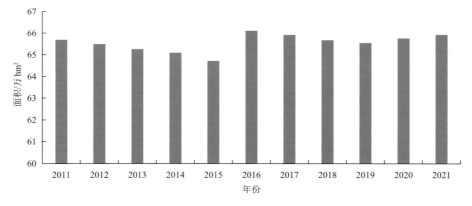

图 3.11　2011—2021 年重庆市水稻种植面积

合川、江津、永川、涪陵、万州、垫江、大足、梁平、忠县、开州为重庆水稻种植面积排名前十位的区(县)。十个区县水稻种植面积近 33.8 万 hm²,占全市水稻种植面积的 50% 以上(图 3.12)。从区域分布来看,这些区(县)位于重庆西部丘陵地带及长江沿线河谷地区,整体海拔较低,地势相对平坦,热量条件与水源条件较好,适宜水稻种植。

(2)玉米

玉米是重庆第二大粮食作物。因玉米对气候生态的适应性广,重庆受限于地形地势、土壤条件和水源条件,不能种植水稻的旱地以种植玉米为主。2011 年来,重庆市玉米种植面积整体呈下降趋势。2011—2016 年,种植面积保持在 45.00 万 hm² 以上,2012 年种植面积最大,达 45.75 万 hm²。随着重庆种植业供给侧结构调整工作的展开,自 2017 年玉米种植面积开始调减。2017—2021 年,种植面积均小于 45.00 万 hm²,2019 年种植面积最小,为 43.83 万 hm²

（图 3.13）。

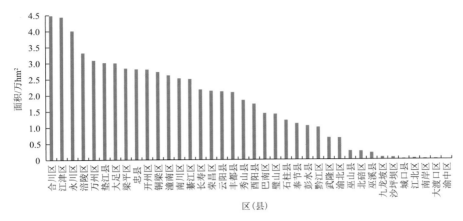

图 3.12　2020 年重庆市各区（县）水稻种植面积

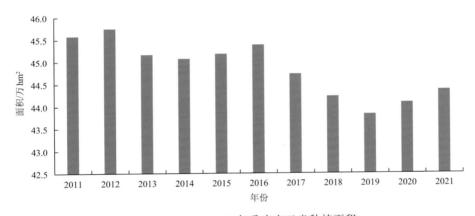

图 3.13　2011—2021 年重庆市玉米种植面积

（3）油菜

重庆是长江上游甘蓝型油菜优势产区,油菜是重庆最主要的油料作物。全市形成了三大优势产区:沿长江流域优势区,包括长寿、垫江、江津、梁平、忠县、开县、丰都、万州、云阳等三峡库区（县）;沿乌江流域优势区,包括秀山、酉阳、黔江、彭水、南川等重庆东南部地区;沿嘉陵江流域油菜主产区,包括渝西北浅丘平坝的潼南、大足、合川等油菜主产区（县）（唐晓华 等,2017）。2011—2017 年,重庆油菜种植面积逐年扩大,从 19.62 万 hm² 增长到 25.99 万 hm²,跃居全国第八位。2018—2020 年,种植面积稳定在 25.5 万 hm² 左右,2021 年突破了 26 万 hm²（图 3.14）。

（4）蔬菜

蔬菜是重庆市着力发展的重要农产品,经过近年来重庆种植业优化布局与结构调整,2020年,全市蔬菜种植面积达到 77.2 万 hm²。从图 3.15 中可以看到,2011—2020 年,重庆市蔬菜种植面积呈明显增长趋势,从 2011 年的 61.07 万 hm² 发展到 2020 年的 77.2 万 hm²,增幅达 26.4%。

目前,重庆已形成以"渝遂高速公路沿线时令蔬菜产业带""高山蔬菜产业带"和"加工蔬菜产业带"为重点区域的蔬菜种植布局。"渝遂高速公路沿线时令蔬菜产业带"主要包括潼南、铜

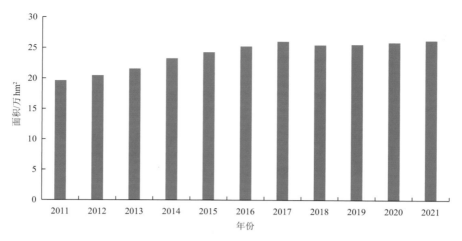

图 3.14　2011—2021 年重庆市油菜种植面积图

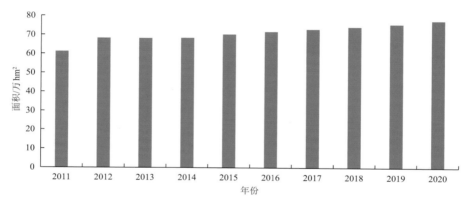

图 3.15　2011—2020 年重庆市蔬菜种植面积图

梁、璧山等区(县);"高山蔬菜产业带"主要包括以武隆、酉阳、巫溪为重点的武陵山、秦巴山"两山"地区;"加工蔬菜产业带"重点发展以涪陵为核心的榨菜种植和以石柱、綦江为核心的加工型辣椒种植。从蔬菜种植的区域分布来看,涪陵、潼南、万州、江津、合川、綦江、永川、武隆、垫江、云阳依次为排名第一位至第十位的区(县)。前十个区(县)蔬菜种植面积近 39.7 万 hm²,占全市种植面积的 51.5% 以上(图 3.16)。

3.2.2.2　山地特色作物

(1)柑橘

重庆具有悠久的柑橘种植历史,是世界柑橘生产最适宜地区之一,是农业农村部全国柑橘优势区域布局规划确定的"长江上中游柑橘优势产业带"核心区(杨蕾 等,2020)。重庆市柑橘种植区域布局由分散到集中,已逐渐向三峡库区柑橘优势区域靠拢,重庆市约 80% 的柑橘果园基地集中于库区的柑橘主产区(县)。经过产业结构的优化调整,目前初步形成万州、开州、云阳、奉节、巫山等地晚熟鲜销生产基地,环长寿湖晚熟柑橘生产与景观基地,以忠县为主,万州、开州、长寿为辅的加工柑橘基地,以江津、永川为主的渝西及近郊鲜销基地 4 个柑橘产业带(洪林 等,2018)。

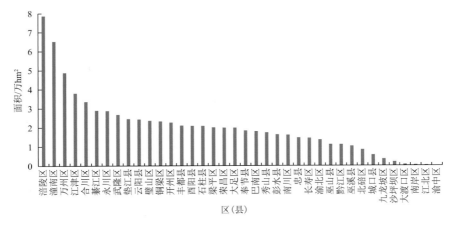

图 3.16　2020 年重庆市各区（县）蔬菜种植面积

2011 年来，重庆市柑橘种植面积呈增长趋势，2011 年全市种植面积 14.24 万 hm²，2017 年，种植面积突破 20.00 万 hm²，2020 年，种植面积达到 22.73 万 hm²。2011—2020 年，全市柑橘种植面积增长幅度达 60%（图 3.17）。全市有忠县、开州、长寿、云阳、奉节、万州 6 个区（县）的栽培面积均超过 1.33 万 hm²。

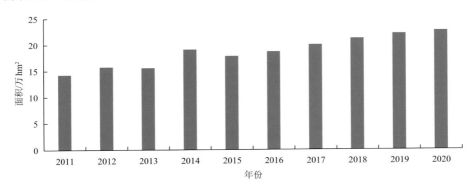

图 3.17　2011—2020 年重庆市柑橘种植面积

（2）茶叶

重庆市地处秦巴、武陵、川黔三大优势茶区中心地带，是农业农村部《特色农产品区域布局规划（2013—2020 年）》的全国 12 个绿茶优势区域之一（杨树海 等，2016）。2011 年来，重庆茶叶种植历经起伏，种植面积一度从 2011 年的 4.0 万 hm² 逐渐下降到 2016 年的 3.4 万 hm²。2017 年，随着重庆茶叶行业振兴，种植面积快速增长，2021 年种植面积达到 5.4 万 hm²（图 3.18）。

从茶叶种植的区域分布来看，南川、秀山、永川、酉阳、万州、巴南、荣昌、武隆、巫溪、开州依次为茶叶种植面积排名第一位至第十位的区（县）。前十个区（县）茶叶种植面积近 3.95 万 hm²，占全市种植面积的 72.7% 以上（图 3.19）。

（3）中药材

重庆中药材品种多、单品种规模小，中药材种植区可分为以三峡库区巫山、巫溪、城口、奉节、开州、万州、云阳等为主体的渝东北种植区，以石柱、秀山、酉阳等为主体的渝东南种植区和以南川、渝北、潼南等为中心的渝西种植区。渝东北种植区主要种植药材有党参、贝母、云木

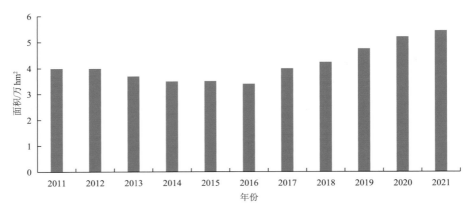

图 3.18　2011—2021 年重庆市茶叶种植面积

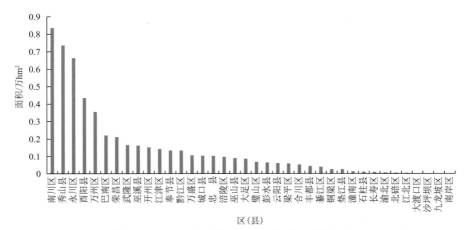

图 3.19　2021 年重庆市各区(县)茶叶种植面积

香、味牛膝、银杏、杜仲、小茴香、玄胡、枳壳、半夏、冬花等。渝东南种植区主要种植药材有黄连、青蒿、白术、天麻、杜仲、半夏、银花、冬花等。渝西种植区主要种植药材有毛紫菀、玄参、鱼腥草、云木香、丹皮、杜仲、黄柏、厚朴、红梅、木瓜、巴豆、使君子、女贞子、苦丁茶等。

"十三五"以来,重庆实施中药材产业振兴,大力发展中药材种植产业。2018—2021 年,重庆市中药材种植面积由 11.37 万 hm² 提高到 12.46 万 hm²,增长幅度达 9.6%(图 3.20)。

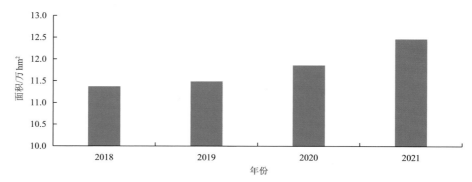

图 3.20　2018—2021 年重庆市中药材种植面积

秀山、南川、酉阳、巫溪、开州、城口、奉节、巫山、綦江、石柱依次为中药材种植面积排名第一位至第十位的区(县)。前十个区(县)中药材种植面积近 9.5 万 hm²,占全市种植面积的 76.3%以上(图 3.21)。

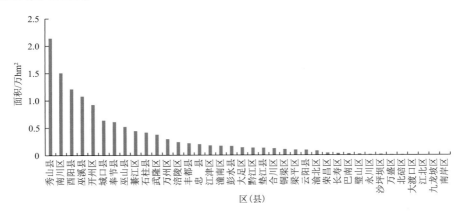

图 3.21　2021 年重庆市各区(县)中药材种植面积

3.2.3　重庆种植业规划

农业农村部印发的《"十四五"全国种植业发展规划》将重庆定位为我国粮食产销平衡区和蔬菜、水果、茶叶重要产区之一。主要种植的作物包括水稻、玉米、大豆、马铃薯、蔬菜和茶叶等。种植制度、种植模式多样,主要是一年两熟。"十四五"期间,重庆充分发挥光热资源丰富、生产类型多样等优势,稳定水稻、小麦、玉米面积,因地制宜发展再生稻和酿酒专用粮食,推广马铃薯与其他作物间作套种,开发冬闲田扩种冬油菜。重点推广"稻+油""一季稻+再生稻+油菜"等模式,扩大丘陵山区旱地油菜种植。建设长江上中游柑橘等优势产区,适度发展猕猴桃、李子等特色果品,促进特色绿茶产业提档升级(农业农村部,2021)。

《重庆市推进农业农村现代化"十四五"规划(2021—2025 年)》中,在"保障粮食等重要农产品供给"和"提升现代山地特色高效农业质量效益和竞争力"两个方面对重庆农业种植提出了目标。粮食和重要农产品方面,要着力稳政策、稳面积、稳产量,确保"十四五"时期粮食年播种面积不低于 3005 万亩、年产量不低于 1081 万 t。全市水稻播种面积稳定在 980 万亩以上,玉米播种面积稳定在 660 万亩以上,油菜种植面积达到 400 万亩,带动油料播种面积达到 500 万亩,油料总产量达到 70 万 t。大力推进蔬菜保供基地建设,按照"调减大宗菜、增种错季菜、补充特色菜"的思路,进一步调减露地大路菜生产,扩大设施精细菜规模,做大做强特色蔬菜,构建鲜销蔬菜、高山错季蔬菜、加工蔬菜、食用菌并重的产业格局。建设沿渝遂高速公路时令蔬菜生产带,做大武陵山区高山生态蔬菜优势区和三峡库区加工蔬菜区,鼓励各地因地制宜发展食用菌,扩大食用菌工厂化栽培,确保全市蔬菜年播种面积稳定在 1150 万亩以上、产量稳定在 2100 万 t 以上。

特色农业方面,要持续深化农业供给侧结构性改革,坚持走"小规模、多品种、高品质、好价钱"的路子,大力发展柑橘、榨菜、柠檬、生态畜牧、生态渔业、茶叶、调味品、中药材、特色水果、特色粮油、特色经济林等现代山地特色高效农业集群,加快推动农村一二三产业融合发展。

柑橘产业以长江三峡库区为重点,按照"三季有鲜果、八个月能加工"的目标,推广"大基地、小单元、单品类、多主体、集群化"生产经营模式,持续优化早、中、晚熟品种结构,提升集约化、规模化、商品化生产规模。发挥国家区域性柑橘良种繁育基地优势,实现柑橘种苗繁育标准化、规模化。到 2025 年,全市柑橘种植面积达到 380 万亩、产量达到 370 万 t。

榨菜产业围绕规模化、园区化、标准化、品牌化,以做大榨菜加工、扩大青菜头鲜销为重点,加快榨菜产业链转型升级。建设涪陵、丰都、万州沿江榨菜产业带,打造长江上游榨菜优势产区。到 2025 年,全市青菜头播种面积达到 190 万亩、产量达到 345 万 t,榨菜产业链综合产值达到 550 亿元。

柠檬产业以潼南、大足、万州等区(县)为重点,构建集产品研发、种植、加工、储运、销售、旅游为一体的柠檬全产业链。支持潼南建设"中国柠檬之都",建设全国柠檬电子交易中心,打造柠檬优势特色产业集群。到 2025 年,全市柠檬种植面积达到 50 万亩、年产量达到 50 万 t。

茶业产业坚持"提升绿红茶、复兴重庆沱茶、多茶类并举"思路,提高夏秋茶资源综合开发利用效率,加大优质绿茶、红茶和紧压茶生产力度,做强地方白茶,建设名优绿茶主产区和全国大宗绿红茶及原料茶基地,打造中国西部早市名优茶产业带。到 2025 年,茶叶总面积稳定在 100 万亩左右,年产量达到 5 万 t。

调味品产业加强辣椒、花椒、生姜、葱蒜等调味品原料基地建设,江津、酉阳、丰都、铜梁、璧山等区(县)重点发展青花椒,石柱、綦江、忠县、黔江等区(县)重点发展优质辣椒,荣昌、永川、江津、潼南等区(县)重点发展优质生姜。加强调味品种质资源库和种苗基地建设。到 2025 年,全市主要调味品在地面积达到 200 万亩,总产量达到 213 万 t。

中药材产业积极发展道地药材,打造黄连、川党参、山银花等"渝十味"道地品种。到 2025 年,全市中药材种植面积稳定在 270 万亩左右,中药材综合产值达到 500 亿元。

特色水果产业以脆李、梨、枇杷、葡萄、蓝莓等为重点,做大"巫山脆李",将其打造成为中国南方脆李第一品牌。以黔江、石柱、酉阳等区(县)为重点,大力发展"黔脆红李"。永川、巴南、綦江、南川、涪陵、渝北等区(县)重点发展梨,涪陵、永川、江津、丰都、合川等区(县)重点发展龙眼、荔枝,合川、大足、云阳等区(县)重点发展枇杷,打造四季特色经果林。力争 2025 年特色水果种植面积稳定达到 300 万亩。

特色粮油产业深入实施"优质粮油工程",推进粮油产业结构调整,力争粮油产品优质率达到 60%。注重稳面积、提品质、攻单产,大力发展优质稻。稳定高产籽粒玉米生产规模,适度发展青贮玉米,扩大鲜食糯玉米种植规模。推动油菜扩规模、推新品、增效益,打造百亿级油菜产业链。稳步发展菜用和加工马铃薯,鲜食和加工甘薯。积极发展荞麦、优质酿酒高粱、高蛋白大豆等特色杂粮。

3.2.4 小结

山地丘陵为主的地形地貌与亚热带季风气候共同塑造了重庆独具多样性的山地气候生态环境。重庆市农业生产在不断适应山地气候生态环境的同时,积极响应国家农业生产的相关规划要求。在水稻、玉米、油菜等大宗粮油作物保持着稳定种植面积的基础上,柑橘、蔬菜、茶叶、中药材等山地特色高效农作物种植也得到快速发展,逐步形成了"品种多、规模小"的农作物种植结构特点。

3.3 重庆市主要农作物种植区划

气候资源是农业生产最基础的自然资源之一,是农业生产不可缺少的重要物质资源,植物物质的 90%~95% 是利用太阳能进行光合作用合成的,气象要素的数量特征及其相互之间的匹配情况是表现土地潜力的重要因素之一。

每一种气候类型都具有它代表性的典型特征,通过分析、归纳各气候类型的基本特点以及不同气候类型的主要差异之处,可以确定各地气候类型归属,并用以分类指导、合理利用气候资源。从 20 世纪 80 年代开始,关于气候区划的研究就在持续进行中,随着气候资源的变化,需要根据地方特点开展区划工作,总体思路为图 3.22 所示。

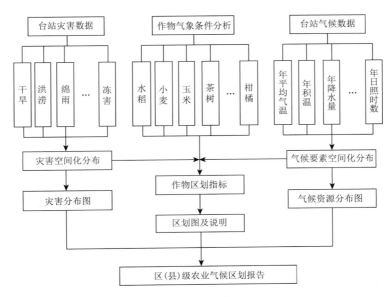

图 3.22 区划工作流程

3.3.1 优质稻种植区划

水稻是重庆市主要的粮食作物之一,栽培区域广。由于重庆市区域气候差异明显,特别是立体气候非常显著,各地适生优质稻品种也有一定差异,不同气候生态区必须选用与本区气候相适应的对路良种,要考虑品种的类型、生育期长短及抗病、优质和丰产性,分别建立高档常规优质稻种子基地、中档优质稻基地(以杂交稻为主)和优质再生稻专用种子基地,为各种气候生态类型优质稻栽培区提供对路优质良种。总的来看,重庆市优质稻品种以籼稻为主,籼稻适宜区要选用抗高温能力强的籼稻品种,籼粳适宜区宜选用抗寒能力较强、生育较短的籼稻或粳稻品种,低坝河谷优质再生稻适宜区要同时兼顾正季稻的优质和丰产特性,同时,要重视其再生能力。根据田间试验结果,利用 GIS(地理信息系统)技术,制作重庆市优质稻气候生态区划(图 3.23),将重庆市优质稻栽培区划分为 10 个不同类型的气候生态区域(表 3.1)。

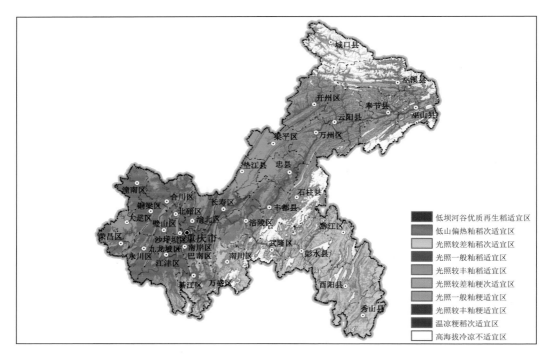

图 3.23　重庆市优质稻种植区划

表 3.1　优质稻区划指标

类型	基本指标		
	年平均气温/℃	3—9月日照时数/h	伏旱频率/%
低坝河谷优质再生稻适宜区	≥17.1	—	53～87
低山偏热籼稻次适宜区	15.9～17.1	—	38～71
光照较差籼稻次适宜区	14.1～15.9	≤850	15～54
光照一般籼稻适宜区	14.1～15.9	850～1000	15～54
光照较丰籼稻适宜区	14.1～15.9	>1000	15～55
光照较差籼粳次适宜区	12.9～14.1	<850	15～29
光照一般籼粳适宜区	12.9～14.1	850～1000	18～37
光照较丰籼粳适宜区	12.9～14.1	>1000	31～46
温凉粳稻次适宜区	11.7～12.9	—	15～21
高海拔冷凉不适宜区	<11.7	—	<14

　　重庆市主要优质稻气候生态适宜栽培区及其气候生态特点概括如下。

　　①光照较丰籼粳适宜区:本区主要分布于东北部的奉节、云阳、巫山、巫溪、万州、忠县等区县海拔900～1100 m地区,面积约997 km²,占全市总面积的1.2%。本区年平均气温在12.9～14.1 ℃,水稻生育期间(3—9月)的日照时数在1000 h以上,光照资源相对丰富,籽粒结实期间的气温对籼稻和粳稻品质形成都比较有利,伏旱频率为31%～46%,伏旱发生频率较小,强

度较弱,基本不受伏旱高温影响,适宜优质籼稻和粳稻栽培。

②光照一般籼粳适宜区:本区主要分布于中部和西南部的石柱、丰都、涪陵、南川、綦江、江津等海拔约 900~1100 m 地区,面积 1047 km²,仅占全市总面积的 1.3%。本区年平均气温在 12.9~14.1 ℃,水稻生育期间(3—9 月)的日照时数在 850~1000 h,光照条件一般,籽粒结实期间的气温对籼稻和粳稻品质形成都比较有利,伏旱频率为 18%~37%,伏旱发生频率较小,强度较弱,基本不受伏旱高温影响,适宜优质籼稻和粳稻栽培。

③光照较丰籼稻适宜区:本区主要分布于东北部的奉节、云阳、巫山、巫溪、万州、开州、忠县等区县海拔 600~900 m 地区,面积约 1765 km²,占全市总面积的 2.2%。本区年平均气温在 14.1~15.9 ℃,水稻生育期间(3—9 月)的日照时数在 1000 h 以上,光照资源相对丰富,籽粒结实期间的气温对籼稻品质形成比较有利,伏旱频率为 15%~55%,重伏旱发生频率较小,但部分年份出现的较强伏旱对水稻有一定影响,总体气候适宜优质籼稻栽培,奉节县的红土、开县的九龙、忠县的巴营是当地有名的优质稻产区。

④光照一般籼稻适宜区:本区主要分布于垫江、丰都、石柱、涪陵、南川以西的中西部海拔 600~900 m 地区,面积约 10146 km²,占全市总面积的 12.4%。本区年平均气温在 14.1~15.9 ℃,水稻生育期间(3—9 月)的日照时数在 850~1000 h,光照条件一般,籽粒结实期间的气温对籼稻品质形成比较有利,伏旱频率为 15%~54%,重伏旱发生频率较小,但部分年份出现的较强伏旱对水稻有一定影响,总体气候适宜优质籼稻栽培,丰都县的栗子、涪陵区的龙潭、南川区的大观、巴南区樵坪和綦江县的横山是当地有名的优质稻产区。

⑤低坝河谷优质再生稻适宜区:本区主要分布于海拔 400 m 以下的低坝河谷地区,面积约 22079 km²,占全市总面积的 26.9%。本区年平均气温在 17.1 ℃ 以上,伏旱频率为 53%~87%,高温伏旱突出,正季稻生育期间的气候条件基本不适宜优质稻栽培;但该区再生稻生长发育中后期气候温凉对再生稻优质比较有利,特别是东部三峡库区秋季光照条件较好,对再生稻优质更加有利,当然,本区的伏旱、高温,以及一些年份的秋季低温阴雨严重影响到再生稻生产的稳定性,再生稻实际蓄留面积年际间波动幅度很大。

3.3.2 再生稻种植区划

重庆市自发地零星种植再生稻已有 1000 多年的历史,但由于社会生产水平等因素的制约,产量不高不稳,一直未形成一种耕作制度。近年来,由于人口增加和耕地减少的矛盾日益突出,人们对粮食的需求不断增加,加上再生能力较强的水稻品种、温室育秧等新技术的出现及农业生产条件的改善,为再生稻的发展创造了条件。

再生稻的区划主要取决于生育关键期的气温、日照、降水等综合状况,重庆市再生稻的气候生态空间分布见图 3.24。

重庆市主要再生稻气候生态适宜栽培区及其气候生态特点概括如下。

①光温丰富再生稻适宜栽培区:主要分布在重庆北部的巫山、奉节、云阳、开州、忠县等地的低坝河谷地区,也是重庆市再生稻最为适宜的地区。该区域 8 月中旬—10 月中旬积温在 1700 ℃·d 以上,日照时间在 3200 h 以上。

②热量丰富、光照较丰再生稻适宜栽培区:主要分布在重庆中部和东南部长江河谷地带。该区域 8 月中旬—10 月中旬积温在 1700 ℃·d 以上,日照时间在 260~320 h。

③光照丰富、热量较丰再生稻适宜栽培区:位于海拔稍高的地区,该区域 8 月中旬—10 月

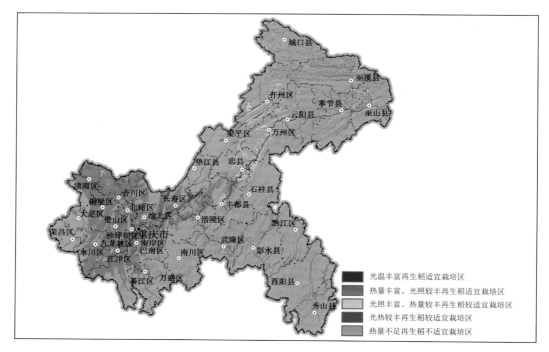

图 3.24　重庆市再生稻气候生态空间分布

中旬积温在 1625~1700 ℃,日照时间在 3200 h 以上。

3.3.3　柑橘种植区划

重庆适宜不同种类柑橘的栽培,同时,本区基本没有柑橘检疫性病害,是中国柑橘最适宜栽培区,有"中国的地中海"之称。柑橘是当地农业支柱产业,造就了各具特色的优质柑橘品种,包括奉节脐橙、江津和开县锦橙、忠县忠橙、巫山恋橙等。

三峡库区甜橙种类主要包括普通甜橙、锦橙及脐橙等,各类甜橙都要求丰富的光热资源和适宜的降水,但不同类型品种也有一定差异,如普通甜橙和锦橙要求比较湿润的气候,而脐橙则需要中等湿度的气候。相关研究表明,热量、光照、降水和相对湿度是影响三峡库区甜橙分布的关键气候因子,考虑到三峡库区降水总量基本能满足甜橙生长发育的需要,即使遇季节性干旱,甜橙需要的水分可以通过人工进行调节,因此,降水量可以不作为影响三峡库区甜橙分布的基本指标,只作为二级指标,为分类指导提供依据;热量和冻害都是影响甜橙生存和生长的基本因素,且难以大范围人工改变,而冻害与年平均气温高度相关,二者的区域分布也高度一致,因此,这里只将年平均气温(T)作为基本区划因子之一。此外,太阳辐射量和相对湿度都是影响甜橙生长、品质和品种分布的重要因子,为此,也将年总辐射量(Q)和年平均相对湿度(F)作为甜橙区划的基本指标,制作重庆市甜橙种植区划(图 3.25),具体指标见表 3.2。

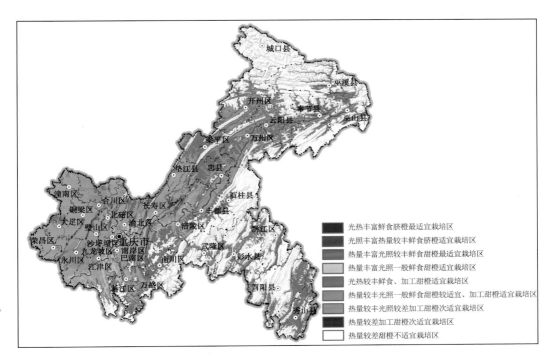

图 3.25 重庆市甜橙种植区划

表 3.2 三峡库区甜橙气候生态区划指标

类型	年平均气温/℃	年总辐射/(MJ/m²)	年平均相对湿度/%
光热丰富鲜食脐橙最适宜区	$T \geqslant 18.0$	$Q \geqslant 3800$	$F \leqslant 76$
光照丰富热量较丰鲜食脐橙适宜区	$16.5 \leqslant T < 18.0$	$Q \geqslant 3800$	$F \leqslant 76$
热量丰富光照较丰鲜食甜橙最适宜区	$T \geqslant 18.0$	$3400 \leqslant Q < 3800$	$80 < F \leqslant 82$
热量丰富光照一般鲜食甜橙适宜区	$T \geqslant 18.0$	$3150 \leqslant Q < 3400$	$81 < F \leqslant 85$
光热较丰鲜食、加工甜橙适宜区	$16.5 \leqslant T < 18.0$	$3400 \leqslant Q < 3800$	$F \approx 80$
热量较丰光照一般鲜食甜橙较适宜、加工甜橙适宜区	$16.5 \leqslant T < 18.0$	$3150 \leqslant Q < 3400$	$81 < F \leqslant 85$
热量较丰光照较差加工甜橙次适宜区	$T \geqslant 16.5$	$Q < 3150$	—
热量较差加工甜橙次适宜区	$15.0 \leqslant T < 16.5$	—	—
不适宜区	$T < 15.0$	—	—

①光热丰富鲜食脐橙最适宜区:本区位于三峡库区东段的奉节、巫山的沿江河谷地带,面积约 250 km²,年总辐射在 3800 MJ/m² 以上,年平均气温 18.0 ℃以上,光热资源丰富,同时,也是三峡库区空气湿度最小的区域,年平均相对湿度在 76%以下,非常适宜脐橙产量和优异品质的形成,是全球最适宜脐橙栽培的地区之一,所产脐橙味美质优,适宜鲜食。奉节园艺场培育的奉园"72-1"品质优异,引进的纽荷尔、林娜等脐橙品种品质也非常优秀,本区生产的多种脐橙品质在全球名列前茅,多次获得全国或国际金奖,是重庆市第一个获得"中华名果"称号的优质水果。

②光照丰富热量较丰鲜食脐橙适宜区:本区位于三峡库区东段的奉节、巫山、巫溪和云阳东部沿江河谷的上部地带,面积约470 km²,年总辐射在3800 MJ/m²以上,年平均气温在16.5~18.0 ℃,年平均相对湿度在76％以下,适宜于脐橙的栽培。一般年份脐橙都能实现优质高产,适宜鲜食,少数春迟秋早、生长期偏短的年份对果实品质有一定影响,冬季强降温天气过程发生时,盆地外部冷空气回流造成的短时冻害对脐橙生长发育有一定影响,但影响程度较轻。

③热量丰富光照较丰鲜食甜橙最适宜区:本区主要位于中东部地区的云阳西部、开州、万州和忠县东部的沿江河谷地带,面积约530 km²,年总辐射在3400~3800 MJ/m²,年平均气温18.5 ℃以上,区内光照资源比较丰富,热量充足,年平均相对湿度80％左右,其中,东部少数地区在76％~80％,其他地区在80％~82％,是除脐橙以外的锦橙等其他甜橙的最适宜栽培区,所产锦橙等甜橙味美可口,适宜鲜食。开州"72-1"锦橙等优质甜橙多次获得全国金奖。

④热量丰富光照一般鲜食甜橙适宜区:本区主要位于西部江津、铜梁、合川、永川及中部丰都等沿江河谷地区,面积约2210 km²,年总辐射在3150~3400 MJ/m²,年平均气温18.5 ℃以上,区内热量条件优越,光照一般,年平均相对湿度在81％~85％,土地等综合条件较好,是甜橙适宜栽培区,所产锦橙等甜橙品质优异,适宜鲜食。江津"S-26"锦橙、铜水"72-1"锦橙品质优异,获得全国金奖。

⑤光热较丰鲜食、加工甜橙适宜区:本区主要位于中东部地区的云阳西部、开州、万州、忠县东部及梁平东南部沿江河谷的上部地带或浅丘地区,面积2440 km²,年总辐射在3400~3800 MJ/m²,年平均气温在16.5~18.0 ℃,光热资源比较丰富,年平均相对湿度在80％左右,是除脐橙以外的锦橙等其他甜橙的宜栽培区,所产甜橙既适宜于鲜食,也是优质加工原料。

⑥热量较丰光照一般鲜食甜橙较适宜、加工甜橙适宜区:本区主要位于中西部永川、江津、璧山、铜梁、潼南、合川、渝北的浅丘、河谷地区及垫江、丰都、梁平、忠县的浅丘地区,面积10800 km²,年总辐射在3150~3400 MJ/m²,年平均气温在16.5~18.0 ℃,光照条件一般,但热量资源较为丰富,年平均相对湿度在81％~85％之间,是甜橙(除脐橙外)鲜食较适宜栽培区和加工适宜栽培区,所产甜橙既可鲜食,更适宜于加工。

⑦热量较丰光照较差加工甜橙次适宜区:本区位于重庆西部荣昌、大足、巴南、主城各区、大足、潼南、江津及中南部涪陵、垫江、綦江、万盛、武隆、彭水等区(县)的浅丘河谷地区,面积12960 km²,年总辐射在3150 MJ/m²以下,年平均气温16.5~18.0 ℃,热量较丰,但光照较差,所产甜橙品质较差,可鲜食,但主要应用于加工。

⑧热量较差加工甜橙次适宜区:本区位于海拔500~700 m(其中东南部地区400~600 m)之间的山区,面积16840 km²,年总辐射差异较大,总体东部较多,西部较少,年平均气温仅15.0~16.5 ℃,热量资源较差,甜橙能完成其正常的生长发育周期,但冻害相对较重,尤其是强度较强的冻害不仅给甜橙造成伤害,还会造成部分植株死亡,本区甜橙品质较差,基本不适于鲜食,可用于加工。

⑨热量较差甜橙不适宜栽培区:本区主要位于海拔较高的中高山地区,面积35490 km²,因热量条件的限制,不适宜发展甜橙。

3.3.4 茶树种植区划

重庆有多种名茶,如巴山银芽、永川秀芽、黔江珍珠兰花茶、南川金佛玉翠、开州龙珠翠玉、城口鸡鸣贡芽等。茶树对光照和温度的要求非常高,而光照和温度都是热量最直接的来源。光照是茶树生存的首要条件,光照强度、光质和光照时间对茶树的生育影响很大。温度是茶树生命活动的基本条件。它影响着茶树的地理分布,也制约着茶树生育速度。茶树在生长发育过程中,对水分的需求十分迫切,特别是在生长季节,只有在适宜的水分条件下,年降雨量在1500 mm 以上,才能使茶树正常的生长和发育,不足和过多都有影响。根据茶树的需水特性,茶园及时适量地进行灌溉和排水,才能保证茶叶品质。土壤有机质含量的高低,对茶树生长发育、茶叶产量质量也有很大影响,一般土层厚达 1 m 以上不含石灰石,排水良好的砂质壤土,通气性、透水性或蓄水性能好的土壤较适合茶树生长(图 3.26)。此外,地形对茶树生育也有一定影响,随着海拔的升高,气温和湿度都有明显的变化,但也不是愈高愈好,在 1000 m 以上,会有冻害,故一般选择偏南坡为好,坡度不宜太大,一般要求 30°以下。综合分析,把高于10 ℃的积温作为茶叶气候区划的主要指标(表 3.3)。

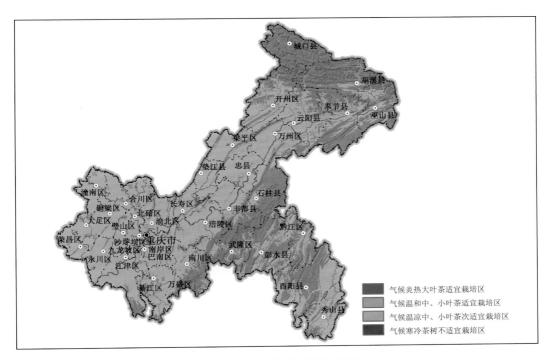

图 3.26　重庆市茶树种植区划

表 3.3　重庆市茶树区划指标

类型	年大于 10 ℃积温/(℃·d)
大叶茶适宜区	$\sum T_{>10\,℃}\geqslant 5800$
中、小叶茶适宜区	$4800\leqslant \sum T_{>10\,℃}<5800$
中、小叶茶次适宜区	$4300\leqslant \sum T_{>10\,℃}<4800$
气候寒冷不适宜区	$\sum T_{>10\,℃}<4300$

3.3.5 小结

农作物种植区划的目的是为了了解各样气候的区域组合与差异,探讨其发生发展规律,阐明地区的气候资源和气象灾害,从而为农业生产提供科学根据。因此,要以分析综合各地区的气候特征和考虑它的形成过程为原则。

重庆市属典型的亚热带湿润季风气候,不仅气候的季节变化十分明显,由于属于丘陵山地,境内地形、地貌复杂,高低起伏很大,再加上地理位置、海拔高度、地形、地貌和下垫面性质的共同作用,造成了各种气象要素的非均匀变化,使重庆气候的多样性显得更为突出,气候类型丰富多彩,"一山分四季,十里不同天",就是对重庆气候多样性的形象描述。在这种典型的气候背景下,农作物种植区划表现为地域性特征。

3.4 重庆市农田生态遥感监测

农田是陆地生态系统中重要的生态系统之一,它与森林、草地、湿地等生态系统一样,对人类的生存环境产生着重要影响。农田生态系统是指在一定环境条件下,由生物生境(人、作物、植被、病虫、杂草、微生物等)和周围的非生物生境(气候、土壤、降水等)相互作用构成的用于农业目的的人工生态系统,是介于自然系统和人工制造系统之间生态系统(王健祥,2001)。该系统是以作物为中心的农田中,生物群落与其生态环境间在能量和物质交换及其相互作用上所构成的一种生态系统,是农业生态系统中最基本的亚系统。

习近平总书记在关于《中共中央关于全面深化改革若干重大问题的决定》中指出,人的命脉在田,田的命脉在水,水的命脉在山,山的命脉在土,土的命脉在树。过去人们在农业生产中仅注重农业生态系统的直接服务价值——农产品生产,却忽略了整个生态系统至关重要的环境调节功能(陈源泉 等,2005;谢高地 等,2005)。农田生态状况评价就是以找到农田生态状况中存在的主要问题为目的,选择具有科学性、代表性、可操作性的评价指标和方法,对研究区农田生态状况的优劣程度进行定性或者是定量的判断(李凤霞,2007)。我国作为一个人口大国,粮食安全的问题刻不容缓,而对农田的生态状况进行评价是保障粮食安全过程中不可或缺的一个环节,同时它也是契合国家政策的一项研究。

遥感具有快速、持续提供地表特征面状信息的能力,在当前的农田生态系统信息提取方面有着不可或缺的作用。遥感通过对不同波长电磁波敏感的传感器,从航空、航天或近地面对目标地物进行探测,20世纪90年代,遥感影像技术在农田生态系统信息提取领域发挥了重要的作用,当时主要应用于大区域的制图,影像分辨率不高。近年来对地观测技术以及传感技术的进步,基于多种不同类型的传感器开发的传感平台,可以进行多项式、多角度、多层次、全面立体的成像与表达,对地球表面进行一体化的监测(李德仁,2012),使遥感技术的应用范围得到了进一步的拓展,为多领域的地球表面观测提供了有效的支撑(李德仁,2003)。通过高分影像技术可以更有效地识别分析空间细节,能够分辨米级(亚米级)目标地物,该技术的出现为农田系统特征信息的提取创造了有利的条件,能够提取精细的面积及高度等制图信息,为立体影像、地图特征以及专题信息等的分析提供可靠的依据(Weng,2012)。

3.4.1 水稻种植面积遥感监测

水稻是重庆市第一大粮食作物,快速、及时掌握精细的水稻种植空间分布及面积信息,为大范围监测水稻生长状况、有效地预估粮食产量以及进一步预测粮食价格等工作提供强有力的科学依据,对重庆市政府部门指导农业生产、制定粮食生产政策等具有重要意义。

传统方法对水稻面积的研究多基于统计数据,该方法难以获得精确的空间分布信息。随着空间技术的不断发展,各种遥感数据源广泛应用于农作物种植结构提取、农作物产量估算等方面。光学遥感技术成像范围大、观测成本低,可实现短时间重复观测,已广泛应用于农作物分布监测、长势监测、农情灾害预报等方面。本节选用 Sentinel-2 L2A 数据开展监测,选用空间分辨率均为 10 m 的蓝、绿、红、近红外 4 个波段进行计算,空间坐标系 GCS-WGS-84,需要进行的预处理包括波段合成、影像裁剪、影像拼接操作。

Sentinel-2 是欧洲航天局发射的宽扫描、高分辨率、多光谱成像对地观测卫星,为欧洲哥白尼环境监测计划的组成部分。该卫星分为 2A 和 2B 两颗卫星,每个 Sentinel-2 卫星的重访周期为 10 d,两颗互补,重访周期为 5 d。Sentinel-2 卫星携带一枚多光谱成像仪(MSI),有 13 个光谱波段(表 3.4),可覆盖从可见光、近红外到短波红外波谱范围,在不同波段具有不同的空间分辨率(10 m、20 m 和 60 m),幅宽达 290 km,Sentinel-2 卫星数据的产品级别包括 Level-0、Level-1A、Level-1B、Level-1C 和 Level-2A 等。该卫星可以用于森林监测、土地利用变化监测、湖水和近海水域污染监测等(李旭文 等,2018;张卫春 等,2019;杨振兴 等,2020),还可以用于农业监测,对预测粮食产量、保证粮食安全等具有重要意义(陈安旭 等,2020;Segarra et al.,2020)。

表 3.4　Sentinel-2/MSI 光谱信息

波段名称	波长范围/μm	中心波长/μm	分辨率/m
Band1-Coastal aerosol	0.430～0.457	0.443	60
Band2-Blue	0.400～0.538	0.490	10
Band3-Green	0.537～0.582	0.560	10
Band4-Red	0.646～0.648	0.665	10
Band5-Vegetation Red Edge	0.694～0.713	0.705	20
Band6-Vegetation Red Edge	0.731～0.749	0.740	20
Band7-Vegetation Red Edge	0.769～0.797	0.783	20
Band8-NIR	0.760～0.908	0.842	10
Band8A-Vegetation Red Edge	0.848～0.881	0.865	20
Band9-Water vapour	0.932～0.958	0.945	60
Band10-SWIR-Cieeus	1.337～1.412	1.375	60
Band11-SWIR	1.539～1.682	1.610	20
Band12-SWIR	2.078～2.320	2.190	20

决策树分类是一种自上而下、基于先验知识进行机器学习的分类方法,每个知识形成一个带有类别标记的树权点,根据逻辑判断对影像整体从根节点到叶节点进行分层分支的树状分

类,最终形成符合所有知识逻辑的分类结果。本节通过专业的、解译经验丰富的技术人员进行判读并初步建立解译知识库,在解译知识库构建过程中,按照科学性、规范性、实用性的原则,考虑主要作物的物候期、种植规律以及主要农作物不同生长期在影像上的色彩、色调、纹理、形状、位置、大小、阴影等因素确定特征参量,对分割对象的光谱特征、纹理特征和形状特征进行计算,然后按水稻关键生育期识别的特征指数制定决策树规则,采用面向对象的决策树分类方式对水稻进行识别(表3.5)。

利用 NDVI 区分植被与非植被覆盖区,非植被覆盖区主要为建筑用地、裸地和水体。在植被覆盖区内,主要植被类型为林地、红薯、玉米和水稻。6月水稻生长进入孕穗期,玉米吐丝期,茂盛度不高,与林地长势差异较大,真彩色影像上规则的灰绿区域为耕地,深绿色区域为林地,根据物候信息,通过 RVI 特征值能够很好地区分出植被覆盖度高的林地和耕地;耕地类型分为水田和旱地,4月水稻处于移栽期,水田里有水量充足,与旱地的含水量差异大,选择2018年4月17日的 Sentinel-2 卫星影像进行 NDWI 提取出水田,农作物类型为水稻(图3.27)。

表 3.5 重庆市水稻关键生育期光谱特性

序号	Sentinel-2 MSI 时相(2018 年)	物候期	水稻形态	水稻影像波段合成(RGB432)	环境特点
1	4 月 17 日	移栽—返青期			下垫面含水量大,植株矮小,叶片 3~10 片
2	6 月 6 日	孕穗期			下垫面含水量不稳定,降雨时含水量猛增,叶片变得密集
3	7 月 23 日	抽穗—扬花期			下垫面含水量减小,形态变化小
4	8 月 25 日	乳熟—成熟期			下垫面几乎不含水,枝干和穗粒逐渐变黄

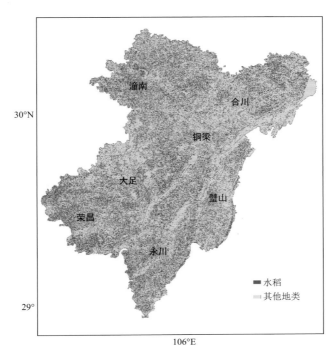

图 3.27 渝西地区 2018 年水稻种植分布遥感监测

3.4.2 农作物长势遥感监测

作物长势是指作物生长发育过程中的形态相,其强弱一般通过观测植株的叶面积、叶色、叶倾角、株高和茎粗等形态变化进行衡量。反映了作物的生长状况,是农情信息的重要组成部分(王庆林,2015;王娇娇 等,2019)。长势遥感监测(杨邦杰 等,1999)是一种宏观监测,主要是利用农作物生育期内能够监测到的多时相的卫星遥感数据,对农作物生长状况及其变化规律进行监测,进而做到及时掌握农作物生长不同阶段的宏观动态变化特征,以便及时调控,保证农作物更好地生长,同时也可对农作物的产量有一个合理的估测。

卫星遥感监测是根据作物对光谱的反射特性,在可见光部分有强的吸收峰,近红外部分有强的反射峰,这些敏感波段及其组合可以反射作物生长的空间信息。通过遥感监测的地物信息,利用不同波段反射率组合和模型构建可以区分不同农作物类型,提取农作物种植面积和空间分布信息、对农作物长势信息及时监测或构建不同条件下的遥感生物量估测模型,结合农学参数和遥感监测数据,可实时遥感监测长势信息,既为政府农业相关部门宏观管理提供参考,又为农作物估产提供数据基础(吴炳方 等,2004;冯奇 等,2006;赵虎 等,2011;钱永兰 等,2012;蒙继华 等,2014)。

研究一个区域农作物长势的时空变化特征,首先需要对农业用地与非农业用地进行区分,根据物候来对农作物进行区分是最普遍的方式,可以防止因为农作物长势的不同、栽培周期的不同以及观测值的随机误差等造成的光谱信息异常,可以在一定水平上增加判别的准确性(曾玲琳,2015)。然后是对各区域范围内的农作物长势状况进行监测与评估。大尺度的农作物长势状况监测,常使用中低分辨率遥感影像,重访时间比较短,辐射范围比较大,数据取得容易,所以更加有助于收集地表动态化数据信息以及完成大规模的农作物长势宏观监测。

3.4.2.1 物候期

指动植物的生长、发育、活动等规律与生物的变化对气候的反应,产生这种反应的时期叫物候期。作物物候期的观测是观测和记录一年中植物的生长荣枯,根据其外部形态变化,记载作物从播种到成熟的整个生育过程中发育期出现的日期,以了解发育速度和进程,分析各时期与气象条件的关系,鉴定农作物生长发育的农业气象条件。当观测植株上或茎上出现某一发育期特征时,即为该个体进入了某一发育期。地段作物群体进入发育期,是以观测的总株数中进入发育期的株数所占的百分率确定的。第一次大于或等于10%为发育始期,大于或等于50%为发育普遍期,大于或等于80%为末期。

3.4.2.2 植被指数

植被指数普遍运用在植被的种类判别、植被长势评估以及经济作物的产量估算等实验中(Zeng L,2020;陆洲,2020)。使用植被指数构建模型来估算植物的长势参数,其模型计算简单且物理意义明确(刘良云,2014),本节选取常用的几种监测农作物长势的植被指数:

(1)归一化差分植被指数(NDVI)

归一化差分植被指数(Normalized Difference Vegetation Index,NDVI)是由 Deering(1978)提出的一种植被指数,是现阶段卫星遥感监测与评估农作物的应用里利用最普遍的基本参数中的一种,也是最为人所知和使用的植被指数(林文鹏,2006)。NDVI 与叶面积指数、绿色生物量、植被覆盖度、光合作用等植被参数有密切关系,是植被生长状态及植被覆盖度的最佳指示因子,在植被遥感中应用最为广泛。

NDVI 与植被覆盖有关,也能反映出植物冠层的背景影响,如土壤、潮湿地面、雪、枯叶、粗糙程度等。其被定义为近红外波段与可见光红外波段反射率数值之差和这两个波段反射率数值之和的比值。其比值限定在$[-1,1]$范围内。负值表示地面覆盖为云、水、雪等,对可见光高反射;0 表示有岩石或裸土等,ρ_{NIR} 和 ρ_R 近似相等;正值,表示有植被覆盖,且随覆盖度增大而增大。

$$NDVI = (\rho_{NIR} - \rho_R)/(\rho_{NIR} + \rho_R) \tag{3.1}$$

式中:ρ_{NIR} 和 ρ_R 分别是近红外和红光波段的反射率。

(2)比值植被指数(RVI)

由于可见光红光波段(R)与近红外波段(NIR)对绿色植物的光谱响应十分不同,因此两者简单的数值比——比值植被指数(RVI)能充分表达两反射率之间的差异。比值植被指数可提供植被反射的重要信息,是植被长势、丰度的度量方法之一。比值植被指数与叶面积指数、叶干生物量、叶绿素含量相关性高,被广泛用于估算和监测绿色植物生物量,在植被高密度覆盖情况下,它对植被十分敏感,与生物量的相关性最好,但当植被覆盖度小于 50% 时,它的分辨能力显著下降。

$$RVI = DN_{NIR}/DN_R \tag{3.2}$$

式中:DN_{NIR} 和 DN_R 分别为近红外和红光波段的灰度值。或:

$$RVI = \rho_{NIR}/\rho_R \tag{3.3}$$

式中:ρ_{NIR} 和 ρ_R 分别是近红外和红光波段的反射率。

(3)增强型植被指数(EVI)

增强型植被指数(Enhanced Vegetation Index,EVI)在 NDVI 的基础上进行了改进,算法增加了蓝光、大气调节系数和土壤调节系数,一定程度上改进了 NDVI 含有的大气噪声、土壤背景、过饱和等缺陷,也可以迅速灵敏地监测稀松以及繁茂的植被在发育时和凋亡时的情况。

$$EVI = G(\rho_{NIR} - \rho_R)/(\rho_{NIR} + C_1\rho_R - C_2\rho_B + L) \tag{3.4}$$

式中:ρ_{NIR}、ρ_R、ρ_B 分别是近红外、红光波段和蓝光波段的反射率;G 为放大系数,取值 2.5;C_1、C_2 为大气调节系数,C_1 取值 6,C_2 取值 7.5;L 为土壤调节系数,取值 1。

3.4.2.3 差值模型

作物长势的差值模型用来评价农作物长势状况。利用实时遥感影像的综合 GI 值,通过其与多年平均值的遥感影像进行综合对比,实时地反映作物长势状况差异的时间以及空间变化特征。

利用植被指数年际比较差值模型,结合全市农业气象监测网 15 个站点地面验证,对 2022 年水稻、玉米主要生育期长势开展遥感动态监测:与 2017—2021 年平均值相比,2022 年水稻移栽—返青期、分蘖—拔节期和孕穗期长势为正距平,7 月上旬以来中稻遭遇高温热害,导致中低海拔地区水稻抽穗—扬花乳期、乳熟—成熟期发育受阻,生殖生长关键期长势为负距平,较 2021 年和近 5 年差异略大,监测 2022 年水稻长势总体为持平—偏差(图 3.28a)。2022 年玉米移栽—七叶期、拔节—抽雄期长势为正距平,高温干旱时段主要对中低海拔玉米灌浆期和高海拔地区开花吐丝期略有影响,长势为负距平,7 月下旬以来中低海拔玉米基本收晒完毕,高海拔地区玉米进入灌浆—成熟期,高温天气对高海拔地区影响不突出,长势略好于 2021 年和近 5 年均值,监测 2022 年玉米长势总体为持平—偏好(图 3.28b)。

对水稻、玉米产量形成关键时期的长势划分为偏好、持平、偏差 3 级做出评价,6 月中旬—7 月上旬水稻、玉米长势持平偏好面积占比超过 85%;7 月中旬—8 月中旬在田水稻长势持平偏好面积占比 70% 左右,在土玉米长势持平偏好面积占比 75% 左右。

图 3.28　2022 年 7 月中旬—8 月中旬水稻(a)、玉米(b)长势遥感监测

从水稻、玉米不同等级长势面积比例区域分布来看(图 3.29),各区域水稻和玉米长势持平—长势偏好的面积占比均达到 70% 以上;东北部、东南部水稻、玉米长势偏好的面积占比均在 21%～33%。

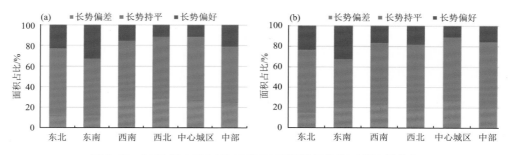

图 3.29   2022 年水稻(a)和玉米(b)不同等级长势面积比例分布

3.4.3   主要种植区茶树遥感监测

重庆作为世界茶树原产地之一,已有 3000 多年的栽培历史,先后开发出数十种名优茶新品种,形成了三大特色茶叶优势产业带。巴南区依托独特的自然条件和优越的区位条件,大力发展特色农业产业,坚持实施"现代农业、乡村旅游、生态经济"三步走发展战略,以建设"都市农业示范镇、乡村旅游特色镇、美丽宜居生态镇"为目标,不断推进农业产业提质增效,助推乡村振兴和脱贫攻坚。

传统茶园监测大多依靠人工野外调绘完成,人力物力耗费巨大。随着遥感对地观测的不断发展,遥感影像由于其时效性强、成本低、精度高等优点,被逐步应用于主要农作物提取。巴南区属重庆中心城区,地处重庆市西南部,面积超 1800 km²,地处长江南岸丘陵地带,地质地貌形态多样,属亚热带湿润气候,春早秋迟、盛夏多伏旱、秋季有绵雨、冬季多云雾,湿度大,整体气候较适宜茶树生长。

为详细了解茶树分布情况,利用 GF-1、Sentinel-2 融合得到的高分辨率遥感影像,采用常用机器学习方法——随机森林 RF(Random Foreast),进行茶树种植区监测(表 3.6)。

表 3.6   GF-1 PMS 波段参数

载荷	波段	波谱范围/μm	空间分辨率/m	幅宽/km	覆盖周期/d
PMS	Pan	0.49~0.90	2	70	41
	B1	0.45~0.52			
	B2	0.52~0.59	8	70	41
	B3	0.63~0.69			
	B4	0.77~0.89			

随机森林法是一种集成的决策树算法,通过多颗决策树进行决策,以有效提高样本的分类准确度,具有算法并行性强、计算开销小等优点。主要思想是利用相同的训练数据同时搭建多个独立的分类模型,进一步在决策树的训练过程中引入随机属性选择。其输出的类别是由个别树输出的类别的众数而定(图 3.30)。

单个决策树的构建方法是:

(1)对样本数据进行有放回的抽样,得到多个样本集。即随机从初始的 N 个训练样本中有放回地抽取 N 个样本,特征数为 M。

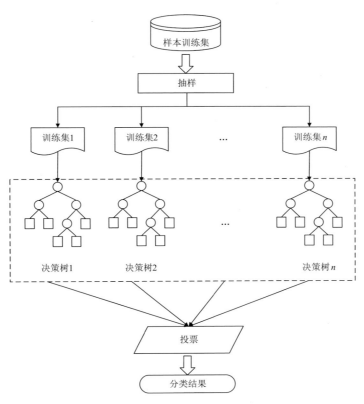

图 3.30　随机森林算法示意

（2）输入特征数目 $m(m<M)$，作为当前节点下一决策的备选特征，并选择最好的特征划分训练样本的特征，用每个样本集为训练样本构造决策树。

（3）在产生样本集和确定特征后，使用 CART 算法计算，不剪枝。

最后，得到所需数目的决策树后，对全部决策树的输出进行投票，以少数服从多数的原则，将票数最多的类作为随机森林的决策。

目前，用于评估土地覆盖类型分类精度以及分类算法可靠性检验的方法有两种，一种是通过混淆矩阵计算得到总体分类精度和 Kappa 系数；另一种以 ROC 曲线图形来表达分类精度。本节选择利用分类后结果与检验样本间的混淆矩阵，以数字的形式更直观地评价各分类算法的精度。

$$P_0 = \frac{n}{n'} \tag{3.5}$$

$$K = \frac{P_0 - P'_e}{1 - P_e} \tag{3.6}$$

式（3.5）为总体分类精度 P_0 的计算公式。式中：n 为被正确分类的像元总数；n' 为图像内总像元个数。公式（3.6）为 Kappa 系数的计算公式，式中：P_0 是总体分类精度；假设每一类的真实样本格式分别为 $\alpha_1, \alpha_2, \cdots, \alpha_n$；而预测出来的每一类的样本个数分别为 $b_1, b_2, \cdots, b_n$，总样本个数为 m，则有：

$$P_e = \frac{\alpha_1 \times b_1 + \alpha_2 \times b_2 + \cdots + \alpha_n \times b_n}{m \times m} \tag{3.7}$$

在选择训练样本时,必须遵循样本本身典型、具有足够的充分性,且样本个数要满足分类器的要求。结合研究区地表实际情况,将土地覆盖类型划分为茶树、林地、道路、大棚、农田、水体、建筑用地七类,每类地物选择 50 个训练样本以及 100 个用于评估分类精度的检验样本。为检验地物样本选择的合理性,避免人为误差对地物分类造成的影响。

由于不同品种茶树的生长状况不同,在遥感影像上可能会呈现光谱差异,导致随机森林误判,因此,需要结合人工目视解译及野外判别实地校正,目视解译判别指标特征如表 3.7 所示。

表 3.7　目视解译标志信息表

影像	特征	识别结果
	成片、规则条带、有一定行间距,呈绿色	生长期茶树
	成片、规则条带、有一定行间距,呈褐色	可能是新种植的茶树,或其他农作物,需实地验证
	连续、规则条带、有一定行间距,呈褐色	可能是茶树或其他农作物,需实地验证

影像	特征	识别结果
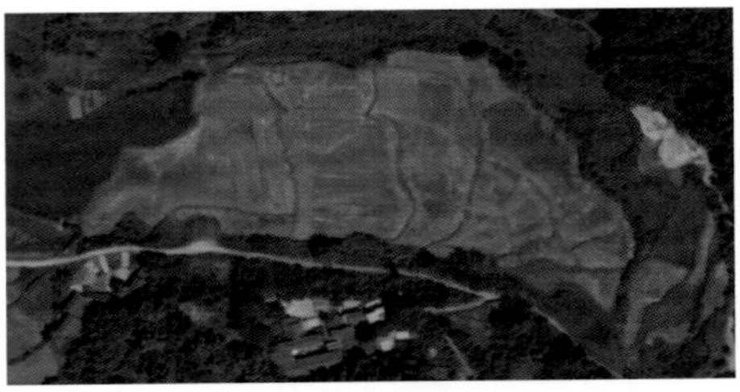	连续、条带、有一定行间距,呈褐色夹杂白色	可能是茶树(白茶)或其他农作物,需实地验证
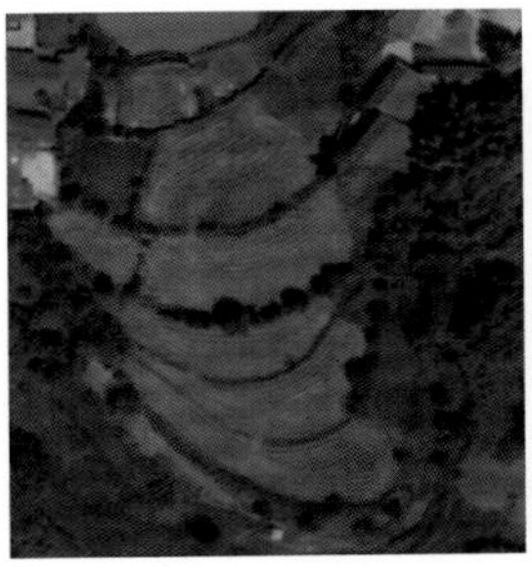	连续、条带且梯田状,呈褐色	可能是茶树或其他农作物,需实地验证
	零散、条带,有一定行间距,呈深灰色	可能是茶树或其他农作物,需实地验证

采用机器学习结合人工目视解译、野外实地验证的方法,进行巴南区二圣街道、惠民街道的茶树种植区监测,如图 3.31 所示。

3.4.4 小结

本节通过专业的解译经验丰富的技术人员进行判读并初步建立解译知识库,在解译知识库构建过程中,按照科学性、规范性、实用性的原则,考虑主要作物的物候期、种植规律以及主要农作物不同生长期在影像上的色彩、色调、纹理、形状、位置、大小、阴影等因素确定特征参量,对分割对象的光谱特征、纹理特征和形状特征进行计算,然后按水稻关键生育期识别的特征指数制定决策树规则,采用面向对象的决策树分类方式对水稻进行识别。采用常用机器学习方法——随机森林 RF,进行巴南区茶树种植区识别。

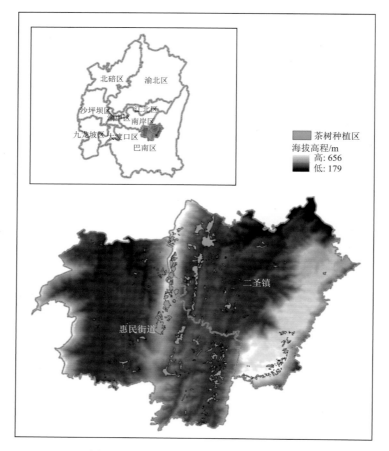

图 3.31　巴南区主要街道茶树种植分布

3.5　重庆市农业气象灾害监测评估

　　农作物进行生长活动有一定的气象条件要求,如水稻种子发芽需要温度 12.0 ℃ 以上,烤烟移栽需要土壤相对湿度保持在 65% 左右。当气象条件不能满足农作物的要求时,会对生长发育进程、长势等造成影响;当气象条件发生异常,超过农作物能够承受的极限,就会发生农业气象灾害,阻碍作物生理活动,甚至对组织器官产生伤害。农业气象灾害种类多、影响大,是制约农业生产的主要因素之一,开展监测评估有很强的现实意义。农业气象灾害监测与气象灾害监测存在明显区别,前者是监测天气气候系统的异常,后者是监测农作物生长发育所需气象条件的异常,二者监测对象不同、监测结果也不同。故农业气象灾害监测必须与农作物结合起来才有意义。如重庆 2011 年初出现霜冻害,对柑橘危害大,但对春玉米就没有影响,因为春玉米生长在 3—8 月。本节以玉米干旱和柑橘冻害为例,对农业气象灾害监测做一些探讨。

3.5.1 玉米干旱

3.5.1.1 玉米干旱指标

农业干旱是对农业影响最严重的一种自然灾害,由于长时期的降水偏少,引起农作物体内水分失去平衡,发生水分亏缺,进而影响作物的生长发育而减产。比较常用的农业干旱指标包括标准化降水指数(Standardized Precipitation Index,SPI)、帕默尔干旱指数(Palmer Drought Severity Index,PDSI)、土壤湿度状况指数(Soil Moistrue Condition Index,SMCI)、作物水分亏缺指数等。

玉米干旱指数 HI 基于连续 3 旬的水分亏缺指数构建:

$$\text{HI} = a_1 \text{CWDI}_i + a_2 \text{CWDI}_{i-1} + a_3 \text{CWDI}_{i-2} \tag{3.8}$$

式中:CWDI_i 为当前旬的水分亏缺指数;CWDI_{i-1} 为前一旬的水分亏缺指数;CWDI_{i-2} 为前两旬的水分亏缺指数;a_1,a_2,a_3 为影响系数,分别取值 0.3、0.2、0.1。

玉米水分亏缺指数 CWDI:

$$\text{CWDI} = \begin{cases} \dfrac{\text{ET}_c - P}{\text{ET}_c} & P < \text{ET}_c \\[2mm] \dfrac{\text{ET}_c - P}{\text{EP} - \text{ET}_c} & \text{ET}_c \leqslant P < \text{EP} \\[2mm] -1 & P \geqslant \text{EP} \end{cases} \tag{3.9}$$

式中:ET_c 为旬农田实际蒸散量(作物需水量),$\text{ET}_c = k_c \times \text{ET}_0$;$k_c$ 为玉米作物系数;ET_0 为作物参考蒸散;P 为旬降水量;EP 为旬最大有效降水量。

参考作物蒸散 ET_0 根据彭曼-蒙特斯(Penman-Monteith)公式计算:

$$\text{ET}_0 = \frac{0.408\Delta(R_n - G) + \gamma \dfrac{900}{T+273} u_2(e_a - e_d)}{\Delta + \gamma(1 + 0.34 u_2)} \tag{3.10}$$

式中:ET_0 为参考作物蒸发蒸腾量,单位为 mm/d;Δ 为温度—饱和水汽压关系曲线在 T 处的切线斜率,单位为 kPa/℃;u_2 为 2 m 高处风速,单位为 m/s;e_a 为饱和水汽压,单位为 kPa;e_d 为实际水汽压,单位为 kPa;T 为平均气温,单位为 ℃;γ 为湿度表常数,单位为 kPa/℃;R_n 为净辐射,单位为 MJ/(m² · d);G 为土壤热通量,单位为 MJ/(m² · d)。

最大有效降水量 EP 为 50 cm 土层的最大有效降水量(单位为 cm):

$$\text{EP} = \sum_{i=1}^{n} \theta_i \cdot h_i \cdot (F_i - W_i) \tag{3.11}$$

式中:θ_i 为每隔 10 cm 第 i 层土壤的容积含水量,容积含水量=质量含水率×土壤容重;F_i 为田间持水量;W_i 为土壤凋萎湿度;h_i 为第 i 层土壤的深度,单位为 cm。根据土壤参数,计算出各地最大有效降水量。并根据旬土壤湿度的平均变化情况,将重庆地区的旬最大有效降水量统一定为 50 mm(日平均降水量 5 mm)。

按照初期—快速生长期—中期—末期的生育进程,初期需水最少、作物系数最小,快速生长期需水缓慢增加、作物系数增大,中期为需水高峰期、作物系数最大,末期需水迅速减少、作物系数减小。根据联合国粮食及农业组织(FAO)推荐,结合本地实际情况,重庆地区玉米各生育时期的作物系数为表 3.8 所示。

重庆生态气象

表 3.8　玉米各生育时期的作物系数 k_c

播种—拔节	拔节—抽穗	抽穗—灌浆	灌浆—成熟
0.80	1.11	1.36	1.02

玉米干旱指数与干旱等级如表 3.9 所示。

表 3.9　玉米干旱等级与 HI 指数

干旱等级	轻旱	中旱	重旱	特重旱
干旱 HI 指数	0.10～0.15	0.15～0.25	0.25～0.35	>0.35

3.5.1.2　玉米干旱监测

对 1971—2022 年玉米生长发育期间干旱典型年里干旱指数 HI 的变化,对玉米干旱的发生发展进行监测(以重庆市万州区为例,每 10 年选择 1 个典型年)。

1971 年 3 月上旬到中旬,几乎无降水,中旬 HI 指数 0.49,达到特旱标准;3 月下旬降水量 33.4 mm,旱情有所减轻,HI 指数 0.11,降低为轻旱;4 月上旬出现大雨,降水量 34.9 mm,HI 指数 -0.20,干旱解除。7 月中旬,降水量仅 0.1 mm,HI 指数 0.29,达到重旱标准;7 月下旬降水量 7.3 mm,偏少 7 成,由于降水持续偏少,干旱持续发展,HI 指数达到 0.46,达到特旱标准(图 3.32)。

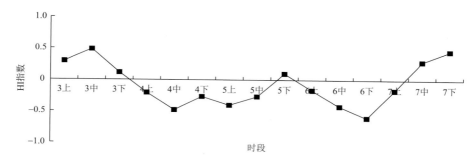

图 3.32　万州 1971 年玉米干旱指数逐旬变化

1987 年 5 月下旬,降水量 21.5 mm,HI 指数 0.52,达到特重旱标准;6 月上旬降水 31.7 mm,降水持续偏少,HI 指数升高到 0.86,达到特重旱标准;6 月中旬降水量 70.7 mm,HI 指数 0.04,干旱解除(图 3.33)。

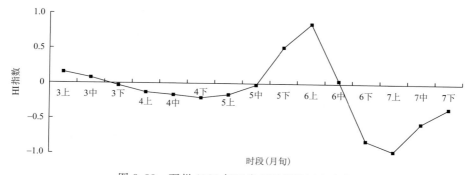

图 3.33　万州 1987 年玉米干旱指数逐旬变化

2000 年 3 月中旬到下旬,累计降水量 2.9 mm,偏少 9 成,下旬 HI 指数 0.40,为特重旱。
4 月上旬降了中雨,旱情稍有缓解,HI 指数 0.23,减轻为中旱。4 月中旬降水持续偏少,旱情
加剧,HI 指数 0.38,发展为特重旱。5 月上旬迎来较强降水,降水量 36.4 mm,HI 指数 0.06,
旱情解除(图 3.34)。

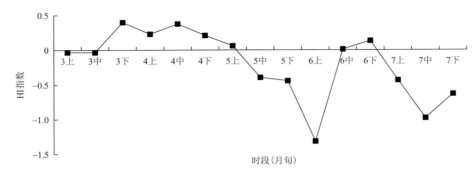

图 3.34 万州 2000 年玉米干旱指数逐旬变化

2006 年 5 月下旬,降水 24.1 mm,HI 指数 0.46,达到特重旱标准;6 月上旬至中旬,累计
降水量 2.3 mm,此时玉米正是需水高峰期,水分出现严重亏缺,特重旱持续;6 月下旬降水
68.3 mm、7 月上旬降水量 20.2 mm,水分得到有效补充,HI 指数明显下降,但仍达到特重旱
标准;7 月中旬降水仅 0.7 mm,水分严重不足,HI 指数上升,特重旱持续;7 月下旬出现强降
水天气,累计雨量 96.1 mm,HI 指数 0.11,干旱解除。(图 3.35)。

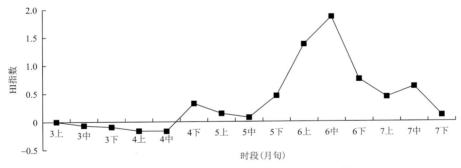

图 3.35 万州 2006 年玉米干旱指数逐旬变化

2015 年 3 月上旬无降水,3 月中下旬累计降水 12.1 mm,HI 指数 0.35,达到特重旱标准;
4 月上旬出现大雨,干旱解除。4 月下旬无降水,水分不足,HI 指数 0.15,出现中旱;5 月上旬
到中旬,累计降水 59.1 mm,缺水明显,旱情持续;5 月下旬,降水 83.9 mm,水分得到补充,干
旱解除(图 3.36)。

从 1971—2022 年的玉米干旱监测可以看出,HI 指数描述干旱发生、发展的过程较为准确
和客观。当降水量略少于需水量时,玉米处于水分亏缺的状态,但并不一定受旱,只有当 HI
指数大于 0.1 时,干旱才发生,随着降水的持续偏少,HI 指数增大,干旱继续发展,程度加重。
当降水量大于需水量时,此时玉米处于暂时水分盈余的状态,若前期有旱,此时充足的降水对
前期亏缺的水分有一定补偿作用,因此减弱干旱的发展,HI 指数降低,干旱程度减弱。然而,
当发生很严重的干旱时,如死苗或者干枯,此时后期充足的降水对前期的补偿作用非常有限,

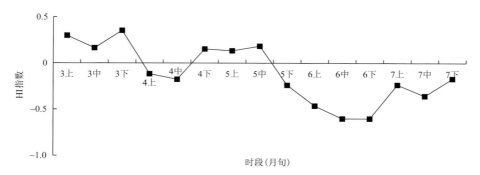

图 3.36　万州 2015 年玉米干旱指数逐旬变化

这种情况有待进一步分析。

3.5.2　柑橘冻害

3.5.2.1　柑橘冻害指标

冻害是柑橘生产中常见的一种气象灾害,国内外一般把受冻临界温度定为 -3 ℃、-5 ℃ 或 -7 ℃,这个指标的主要依据是柑橘的枝、叶受冻征状。重庆冬季温暖,枝、叶极少受冻,遭 受冻害的主要是晚熟柑橘留树过冬的果实。通过对重庆柑橘多起冻害个例的分析,确定重庆 柑橘受冻临界温度为 -1.6 ℃,同时,将"低于 -1.6 ℃的日最低温度累积值"作为柑橘冻害指 标,称"积冻指数",单位为 ℃,计算公式为:

$$S = -\sum_{i=1}^{n} T_{\min} \qquad (T_{\min} < \delta) \tag{3.12}$$

式中:S 为积冻指数(单位:℃);$T_{\min}$ 为日最低温度(单位:℃);n 为日最低温度低于冻害临界温 度的天数;δ 为冻害临界温度,$\delta = -1.6$ ℃。当 $T_{\min} \geq \delta$ 时无冻害,此时 $S = 0$。

柑橘冻害等级指标见表 3.10。

表 3.10　柑橘积冻指数冻害等级

冻害等级	轻度冻害	中等冻害	重度冻害
积冻指数(S)	$10 \leq S < 20$	$20 \leq S < 30$	$S \geq 30$

年积冻指数是年内日积冻指数的累加,反映了一年冻害的致灾程度。

重庆地形复杂,地理因子对气候要素的空间分布状况有很大影响,这也决定了冻害的分布 具有"局地性"特点。为了较全面了解重庆地区冻害的空间分布特征,需要利用地理因子,对冻 害程度进行修正。

利用重庆地区最近 30 年(1991—2020 年)的年平均积冻指数,并与经度、纬度、海拔等地 理因子做相关分析。结果表明:年积冻指数与经度、纬度的相关性不显著,与海拔显著正相关 (相关系数 0.465,显著水平 0.01),意味着海拔越高、冻害越明显。年积冻指数与海拔高度的 关系式为:

$$S' = -11.261 + 0.036G \tag{3.13}$$

式中:S' 为年积冻指数;G 为海拔高度(单位:m)。当 $G < 313$ m 时,$S' < 0$,无冻害发生。

对等式两边求导数,得到年积冻指数地理因子修正系数为:

$$\frac{\mathrm{d}S'}{\mathrm{d}G} = 0.036 \tag{3.14}$$

表明海拔高度每上升 1 m，积冻指数增加 0.036 ℃。

3.5.2.2 柑橘冻害监测

（1）柑橘冻害时间变化监测

表 3.11 给出了重庆柑橘积冻指数的气候倾向率，图 3.37 给出了积冻指数的逐年变化。可见，从 1971—2022 年，积冻指数呈现下降趋势（未通过显著性水平检验），意味着冻害趋于减轻，下降的速度为每 10 年降低 0.41 ℃，各等级冻害均为较小幅度下降趋势，但是不显著（未通过显著性水平检验）。20 世纪 70 年代积冻指数最高，意味着冻害最重，20 世纪 80 年代前期冻害减轻后，80 年代中期积冻指数上升，80 年代后期至 21 世纪 00 年代中期为波段下降趋势，21 世纪 00 年代后期冻害陡然加重，此后至 21 世纪 20 年代积冻指数年际波动较大。从总体上看，柑橘冻害几乎年年有，但是从平均积冻指数看，冻害程度并不强。

表 3.11　重庆柑橘积冻指数以及各等级冻害积冻指数的气候倾向率　　　单位：℃/(10 a)

	积冻指数	轻度冻害	中度冻害	重度冻害
气候倾向率	−0.41	−0.1	−0.1	−0.4

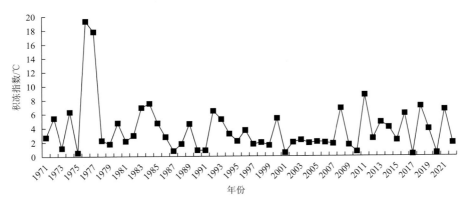

图 3.37　1971—2022 年柑橘积冻指数变化

从柑橘各等级冻害次数的年变化看（图 3.38～3.40），1971—2022 年，轻度冻害共出现 54 次，其中 20 世纪 70 年代 15 次，80 年代 10 次，90 年代 12 次，21 世纪 00 年代 3 次，10 年代 11 次，20 年代 3 次；中等冻害 33 次，同样按上面的时间范围划分，在各个年代里分别是 6 次、8 次、5 次、3 次、7 次和 4 次；重度冻害 75 次，在各个年代里分别是 25 次、13 次、12 次、9 次、14 次和 2 次。

（2）柑橘冻害空间变化监测

图 3.41～图 3.46 给出了 20 世纪 70 年代—21 世纪 20 年代各年代的冻害分布图。表明：柑橘冻害主要分布在重庆东北部局部、中部偏南局部以及东南部，其中又以东南部较为集中，并以轻度冻害为主，中等冻害少，重度冻害极少，西部海拔较低地区冻害极轻。

20 世纪 70 年代冻害面积占柑橘适宜区域的 9.4%，是近 52 年冻害最重的年代。轻度冻害占比 9.1%；中度冻害占比 0.2%，重度冻害占比 0.1%。期间的 1975 年和 1977 年冻害最

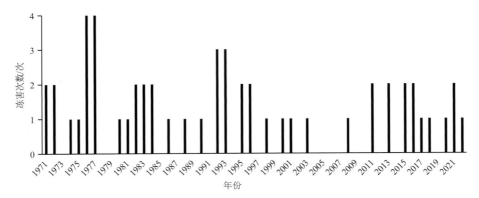

图 3.38　柑橘轻度冻害 1971—2022 年发生次数变化

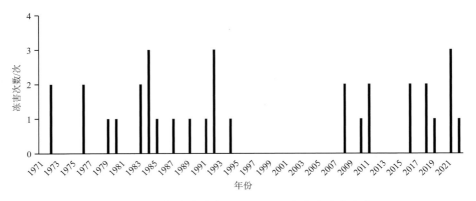

图 3.39　柑橘中度冻害 1971—2022 年发生次数变化

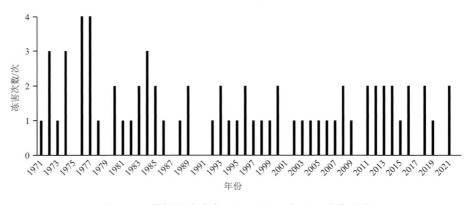

图 3.40　柑橘重度冻害 1971—2022 年发生次数变化

重,1975 年积冻指数为 16.1 ℃,为近 52 年最高值,1977 年积冻指数为 14.5 ℃,为近 52 年第二高值。中度冻害主要在重庆东北部和东南部的局部地区。据资料记载:1975 年 1 月 28 日,巫溪县降雪、结冰,低山地区水管和水表被冻坏;1977 年 1 月 26—29 日,奉节和巫溪出现 10～11 ℃降温的强寒潮天气过程,冻坏水管、水表;1977 年 1 月 30 日,云阳县普降大雪,气温在 -4 ℃以下达 4 d,城关镇的霸王鞭多被冻死,个别地方黄桷树被冻死。

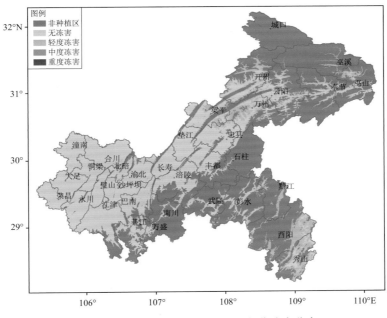

图 3.41　长江柑橘带 20 世纪 70 年代冻害分布

20 世纪 80 年代冻害面积占柑橘适宜区域的 2.9％,其中轻度冻害占比 2.7％,中度冻害占比 0.2％,无重度冻害。冻害较 20 世纪 70 年代明显减轻,主要分布在开州、云阳、万州及酉阳的部分地区,且东南部的冻害明显减轻。

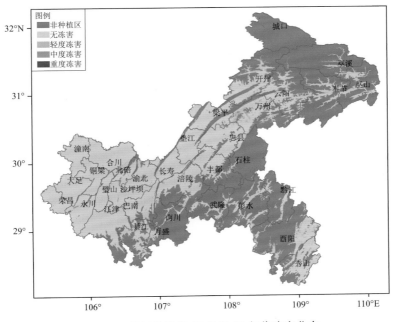

图 3.42　长江柑橘带 20 世纪 80 年代冻害分布

20 世纪 90 年代冻害面积占柑橘适宜区域的 2.7%,略低于 20 世纪 80 年代;其中轻度冻害占比 2.5%,中度冻害占比 0.2%,无重度冻害。轻度冻害比 20 世纪 80 年代略轻,中度冻害相差无几。冻害的面积进一步缩小。

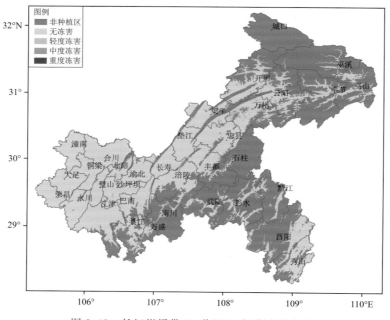

图 3.43　长江柑橘带 20 世纪 90 年代冻害分布

21 世纪 00 年代冻害面积占柑橘适宜区域的 1.9%,是近 52 年冻害最轻的年代;其中轻度冻害占比 1.7%,中度冻害占比 0.2%,无重度冻害。与 20 世纪 90 年代相比,冻害更轻。

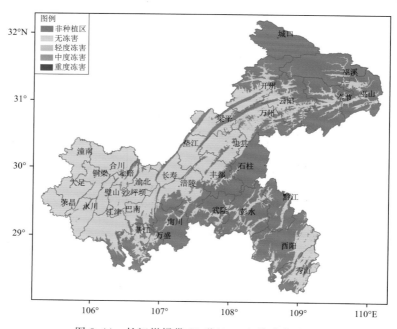

图 3.44　长江柑橘带 21 世纪 00 年代冻害分布

21 世纪 10 年代冻害面积占柑橘适宜区域的 5.2%；轻度冻害占比 4.9%，中度冻害占比 0.2%，重度冻害占比 0.1%。重度冻害主要分布在巫溪的局部地区，中度冻害主要分布在酉阳的西部、云阳和开州交界的河堰镇、农坝镇的较高海拔山区。与 21 世纪 00 年代相比，东南部的冻害范围明显扩大。

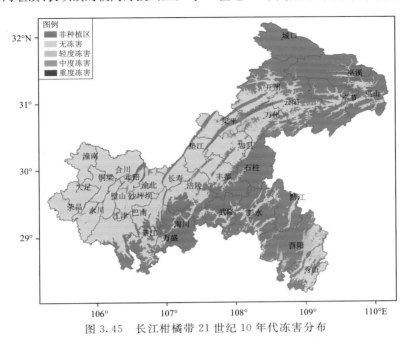

图 3.45 长江柑橘带 21 世纪 10 年代冻害分布

21 世纪 20 年代冻害面积占柑橘适宜区域的 5.3%；轻度冻害占比 5.1%，中度冻害占比 0.2%，无重度冻害。中度冻害主要分布在开州、巫溪的局部地区。与 21 世纪 10 年代相比，冻害程度和面积变化较小。

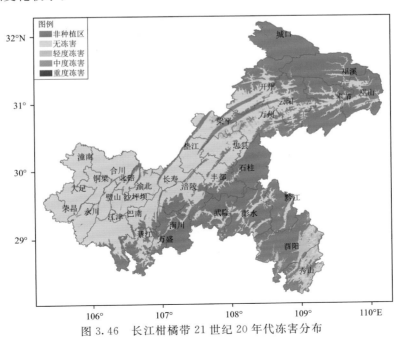

图 3.46 长江柑橘带 21 世纪 20 年代冻害分布

由此可知,近 52 年来,重庆柑橘冻害先后经历了"重—轻—更轻—最轻—略重"的年代际变化过程,但未发现周期性特征。冻害以 20 世纪 70 年代最重,21 世纪 10 年代居其次,20 世纪 80 年代再其次,20 世纪 90 年代第四,21 世纪 00 年代最轻。冻害几乎年年都有,但极少大范围发生,以局部冻害为主;冻害主要分布在重庆东北部局部、中部偏南局部以及东南部,其中又以东南部较为集中,并主要以轻度冻害为主,中度冻害少,重度冻害极少;重庆西部冻害极少,且自 20 世纪 80 年代开始仅在华蓥山的局部地区有轻度冻害。有必要说明,由于重庆柑橘主要产区分布在长江沿线以及西部地区,因此冻害总体上对重庆柑橘生产的影响并不大。柑橘冻害正趋于减轻,可以充分利用这一气候优势,合理增加晚熟柑橘比例,进一步优化早、中、晚熟品种结构布局,促进重庆地区柑橘产业持续、稳定、健康地发展。同时,尽管冻害从整体上看在减轻,且对柑橘最重要产区的影响不大,但极端冻害事件近年来也有发生,对柑橘生产影响较大,因此冬季冻害的防御务必引起重视。

3.5.3 小结

农业气象灾害与作物种类、作物所处生长发育阶段、作物实现目标等因素密切相关,与气象灾害既有紧密的联系,也有显著的区别。例如,伏旱是重庆境内影响最大的气象灾害,但对玉米的不利影响甚微,因为伏旱一般从 7 月上旬左右开始,此时玉米进入收获期,故基本不受影响。本节从农作物对不利气象条件响应的角度,构建了玉米干旱、柑橘冻害指标,并分别利用灾害指标对灾害过程、灾害时空分布开展监测,客观揭示了其发展变化规律,为开展农作物气象灾害客观评价、风险防范等提供参考借鉴。

第4章
三峡库区水体生态气象

4.1 三峡库区水体面积变化监测评估

三峡工程是人类在世界第三大河流上的巨大造物活动,改变了长江水资源的时空分布和原有水流状态,三峡水库正常运行后,每年 6—9 月按防洪限制水位 145 m 运行,10 月底开始到 12 月保持正常蓄水位 175 m,1—4 月为工程的供水期,水位逐渐回落,直到 5 月底坝前水位降至限制水位,为即将到来的汛期腾出库容。本节分别基于 Landsat 系列卫星资料(1986—2020 年)与 Sentinel-1(2020 年)卫星雷达资料对三峡库区重庆段水体面积进行了监测。

4.1.1 Landsat 和 Sentinel 数据处理

4.1.1.1 Landsat 数据预处理

由于下载的 Landsat 数据已经经过几何校正和地形校正,所以直接利用 ENVI 软件进行辐射定标和大气校正。

4.1.1.2 Sentinel-1 数据预处理

当利用 Sentinel-1 号在不同模式下的 Level-1 级的地距数据进行研究时,预处理一般采用欧州航天局开发的 Sentinel 系列数据处理软件 SNAP、遥感图像处理平台 ENVI。主要的预处理步骤包括:应用轨道文件、边缘噪声移除、热噪声去除、斑点滤波、辐射定标、地形校正、地理编码和影像裁剪。虽然在产生 GRD 等级产品数据时已经做过了热噪声去除,但是 GRD 产品仍旧存在大量热噪声,需要多次重复处理。

4.1.2 水体提取算法

4.1.2.1 基于 NDWI 的水体提取

归一化差异水体指数(NDWI)是在植被指数的基础上为了更好地提取水体信息去除山体阴影从而更好地提取水体,用绿色波段取代红色波段进行相关计算。其计算公式如下:

$$\mathrm{NDWI} = \frac{G - \mathrm{NIR}}{\mathrm{NIR} + G} \tag{4.1}$$

式中:G 和 NIR 分别为绿色波段反射率和近红外波段反射率。提取过程利用计算 NDWI,并通过对 NDWI 图像进行观察,从而确定水体提取的阈值为 0.04~0.20。并通过决策树实现水体的提取。

4.1.2.2 基于 Sentinel-1 水体提取

通常,降水期常伴随有云雾天气,尤其是持续降水期云层较厚。光学卫星,如 Landsat 等在阴雨天气难以发挥作用,而雷达卫星在恶劣的天气条件下也能获取地表信息,因此其在洪水监测等方面有广泛的应用前景。本节采用 SDWI 水体提取指数从 Sentinel-1 中提取水体信息。

$$SDWI = \ln(10 \times VV \times VH) - 8 \tag{4.2}$$

式中:VV 和 VH 为 Sentinel-1 的两种极化方式。

4.1.3 1986—2020 年库区干流水体面积逐年变化

通过 Landsat 卫星 1986—2020 年数据分析表明,1986 年以来,三峡库区(重庆段)干流总面积产生大幅变化,三峡库区(重庆段)在 2003 年大坝蓄水前干流总面积最大的年份为 1998 年(869.199 km),蓄水后干流总面积最大的年份为 2020 年(1042.049 km²)(图 4.1)。此外,突发自然气象灾害(如 1998 年洪灾、2006 年旱灾、2010 年洪灾、2011 年旱灾、2013 年洪灾、2020 年洪灾等)、人为因素(大坝蓄水)及其他特殊事件,导致干流面积产生明显变化(图 4.1)。如图 4.2 所示,给出 2002 年(三峡库区建坝前)和 2013 年库区典型区域奉节—巫山段水体对比,2013 年水域面积明显扩大。

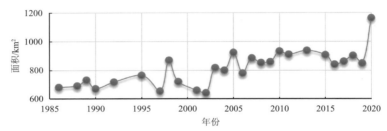

图 4.1 1986—2020 年三峡库区重庆段水体面积变化

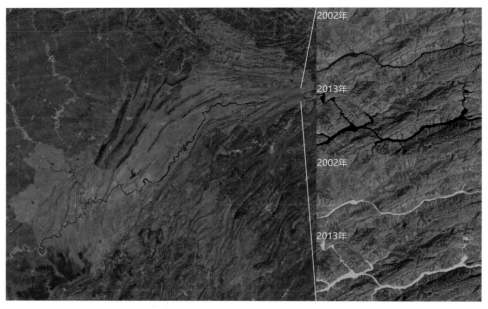

图 4.2 2002 年、2013 年三峡库区(奉节—巫山段)Landsat 假彩合成图及水体提取情况

4.1.4   2020 库区水体面积逐半月变化

2020 年三峡库区重庆段水体面积年内变幅较大,面积夏小冬大。6 月上半月达到最低值
822.9 km²,在 12 月下半月达到最高值 1088.9 km²(图 4.3)。将三峡库区重庆段以长寿万州
为界分为西、中、东三段统计面积变化情况,结果表明,2020 年 1—6 月,三峡大坝从 175 m 水
位逐渐放水至 145 m 水位,水体面积呈持续下降趋势,中段、东段水体面积下降幅度较西段明
显,7—8 月,受上游洪水影响,水体面积快速上涨,9 月,为防止不可预计洪水,大坝泄洪,水体
面积大幅下降,10—12 月,库区重新蓄水,水体面积回涨。

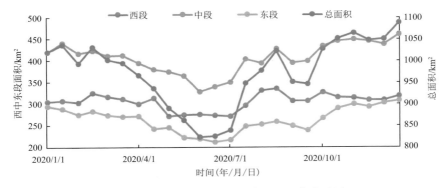

图 4.3   2020 年三峡库区重庆段面积变化监测

4.1.5   小结

为监测三峡库区水体面积变化,本节采用 1986—2020 年 Landsat 数据和 2020 年 Senti-
nel-1 数据,采用 NDWI 和 SDWI 提取三峡库区水体面积。监测结果显示,1986 年以来,三峡
库区(重庆段)干流总面积产生大幅变化,三峡库区(重庆段)在 2003 年大坝蓄水前干流总面积
最大的年份为 1998 年(869.199 km²),蓄水后干流总面积最大的年份为 2020 年(1042 km²)。
此外,由于突发自然气象灾害(如 1998 年洪灾、2006 年旱灾、2010 年洪灾、2011 年旱灾、2013
年洪灾、2020 年洪灾等)、人为因素(大坝蓄水)及其他特殊事件,导致干流面积产生明显变化。

4.2   三峡库区水质监测评估

4.2.1   三峡库区水质监测的意义

三峡水库是三峡水电站建立后蓄水形成的人工湖泊,是我国大型水库的典型代表,总面积
1084 km²,范围涉及湖北省和重庆市的 21 个县(市)。三峡库区是长江上游生态屏障的最后一
道关口。筑牢长江上游重要生态屏障,是落实中央深入推动长江经济带发展战略的重要举措,
是习近平生态文明思想在长江流域的生动实践。三峡工程是治理开发和保护长江的关键工
程、是保障我国供水安全的战略淡水库、是调控长江生态的核心枢纽。按照新时代社会主义建
设和生态文明建设的总体要求,充分发挥三峡工程对长江生态调节功能,有效促进长江经济带
发展的国家战略目标方面,不仅要着力减缓工程不利生态环境影响,确保工程运行安全,还要

关注如何通过三峡工程调控改善长江生态,积极探索新路径、新方法、新对策,有效缓解水华风险、明显改善水环境质量、切实促进移民安稳致富、全面保障经济社会可持续发展。

三峡工程正式运行蓄水后,库区天然河道变成人造水库,具有"非湖非河"的显著特征,库区次级河流受干流水位顶托的影响,回水段水流缓慢,水体自净能力大大削弱,营养化程度加重,部分支流回水区等区域易爆发水华,严重影响库区的水生态安全以及三峡工程的运行安全。《长江三峡工程生态与环境监测公报》(2004—2015年)表明:三峡库区自2003年库区蓄水以来,库区干流水质总体维持良好,一直维持在Ⅱ~Ⅲ类水平;但在一些邻近城市江段出现了不同程度的岸边污染带,多数水体水质以Ⅳ类为主,少数支流库湾处于Ⅴ类,影响了该水段且持续出现"水华"现象;三峡库区长江38条主要支流水体富营养化程度呈逐年加重的趋势,库区支流水华由2004年的短期爆发,至2014年水华在部分支流上维持数月。总体来说,三峡工程已经对水生生态环境造成了极为显著的影响和变化,水环境较原始状态发生了巨大的改变,与之伴随的一个普遍现象就是藻类过度生长并形成的"水华"现象,导致一系列水生态与环境问题。水华爆发是生态系统对富营养化的直接响应,也是水库水质退化和水生态系统遭到破坏的表征,对水华治理和控制的好坏将直接影响到居民日常饮水安全和水库的正常运行。因此,三峡库区水环境问题成为迫切需要解决的问题,加强对库区水生态开展监测评估也就显得尤为迫切。

卫星遥感技术具有监测范围广、周期性重复、时效性强、成本低等特点,可以有效弥补常规监测手段的不足,已经成为水环境动态监测以及蓝藻水华监测、预警不可缺少的技术手段之一。近年来,随着无人机技术的不断成熟与蓬勃发展,通过无人机搭载专业传感器,可以与地面观测数据开展交叉验证,提高相对真值的准确度和精度。无人机遥感也是天基和地基观测的有效补充,可以灵活获取库区水生态环境关键参量。无人机遥感为三峡库区水生态监测提供了有力手段,通过引入无人机低空遥感和卫星遥感进行结合应用,可以优势互补,充分发挥遥感的监测能力。

4.2.2 三峡库区水生态数据野外采集

为了准确获取三峡库区的水生态信息,并为无人机水华监测提供充足的实验数据,需要对三峡库区进行水样数据的野外采集。采集内容主要为三峡库区主要河段、支流及湖泊的水质样本;三峡库区主要河段、支流及湖泊的无人机多波段影像。采集时间选择在三峡库区天气连续晴朗的时间窗口进行。采集区域需要覆盖三峡库区主要水域,其中长江主河道为重点监测区域,流域内的主要支流和湖泊也要纳入监测。在进行水质取样的同时,需进行无人机航拍,采集水面的低空遥感影像,以保证每个采样点都有对应的无人机影像。

(1)水质测量

为了尽可能全面地监测三峡库区的水生态状况,在进行水质参数测量时,需选择不同的水域环境进行测量,如近岸较深水域、近岸较浅水域、远岸较深水域和远岸较浅水域。为了提高数据的可靠性,每个采样点均采集3~5个水质参数数据,以削弱或避免采样中的粗差和奇异值的影响。主要获取采样点的电导率、水温度、酸碱度(pH)、溶解氧、硝酸盐、氯离子、浊度等参数,为后期的数据分析提供充足的样本参数。

(2)无人机影像采集

无人机数据采集可以选用大疆精灵4无人机搭载6镜头多光谱传感器,对采样点附近水域进行航空摄影测量。

（3）水样采集和化验

由于水体中叶绿素容易变质腐坏，必须及时分离并进行冷藏保存，因此在水样采集后，需在 4 个小时内对样本进行叶绿素分离，并将叶绿素放置在事先准备好的液氮环境中。同时，通过过滤分离，及时分离出叶绿素，也能有效减少水质样本的运输量。

4.2.3　三峡库区无人机遥感水生态监测

（1）无人机影像数据预处理

大疆精灵 4 多光谱无人机航测采集的多光谱数据，包括 1 个用于可见光成像的彩色影像和 5 个多光谱影像，无人机影像数据预处理主要包括影像校正、噪声消除、辐射定标、耀斑识别与裁剪等。

①影像校正包括暗角校正和畸变校准。由于镜头中心透过的光强度大于镜头四周进入的光，因此需要进行暗角补偿；由于镜头成像时候存在边缘畸变，需要对镜头进行畸变校准，校正算法见公式（4.3）。

$$I_{(x,y)} \times (k[5] \times r^6 + k[4] \times r^5 + \cdots + k[0] + 1.0) \tag{4.3}$$

式中：$I_{(x,y)}$ 表示输入图像，6 个 k 参数可通过读取图像可扩展元数据平台（eXtensible Metadata Platform，XMP）信息获得。r 为像素点 (x,y) 到补偿中心的距离，其表达式为式（4.4）。

$$r = \sqrt{(x - \text{Center}X)^2 + (y - \text{Center}Y)^2} \tag{4.4}$$

式中：$(\text{Center}X, \text{Center}Y)$ 为补偿中心像素点，畸变校准可通过使用 OpenCV 中的 unditor() 函数进行校正。

②噪声消除：无人机所采集的影像数据不可避免存在噪点，为了提高数据分析的准确性，需要去除影像中的噪声信号，可采用小波变换对影像进行滤波处理。小波变换是一种时频分析方法，假设信号 $x(t)$ 是平方可积函数，则 $x(t)$ 的小波变换是信号本身与小波函数 $\Psi(t)$ 的内积，如公式（4.5）所示。

$$W_f(a,b) = \int x(t) \Psi^*(t) \mathrm{d}t = \frac{1}{\sqrt{|a|}} \int x(t) \Psi\left(\frac{t-b}{a}\right) \mathrm{d}t \tag{4.5}$$

式中：$W_f(a,b)$ 是小波变换函数；a 是伸缩因子；b 是平滑因子；$\Psi^*(t)$ 是小波基函数 $\Psi(t)$ 的共轭。小波变换通过 $\Psi(t)$ 在时间上的平移和频率上的伸缩来分析信号，并且选择合适的基函数和阶数是小波变换的关键。

③辐射定标：无人机影像的像素为灰度值，不具备光谱物理意义，在实际分析中需要将灰度值转换为辐射亮度、反射率或者亮温等物理参数，可以参照卫星遥感中的辐射定标的方法，对无人机遥感辐射定标。

辐射定标的思路可用公式（4.6）描述。

$$L = \frac{\text{DN}}{a} + L_0 \tag{4.6}$$

式中：L 为辐射亮度、反射率或者亮温；DN 为灰度值；a 为增益；L_0 为偏移量。

④耀斑识别与裁剪：小面积的图像水体耀斑可以通过中值滤波、维纳滤波等方式进行去除，而大面积的耀斑的去除和恢复则是当前无人机遥感图像预处理的难点之一，可通过开发耀斑的自动识别和裁剪算法，实现对影像中的耀斑自动判别、自动裁剪。

通过无人机影像和实地测量数据监测悬浮物和叶绿素浓度两种水质参数，需要对无人机影像数据和实测数据建立水质参数反演模型。影像数据具有蓝、绿、红、红外、近红外 5 个波段 b1~b5,各中心波长分别为 450 nm、560 nm、650 nm、730 nm 和 840 nm。水体成分能影响水体的光谱特征,分析水体光谱特征和水质参数之间的关系,反演水质参数浓度。

(2)无人机多光谱影像的叶绿素浓度反演

通过对采集的水样进行叶绿素分离,测量出各采样点的叶绿素的含量,并以此为基础,分析不同水域的叶绿素与构建的多种无人机光谱参数之间的相关性,建立相应的函数模型。为了进一步验证所构建的函数模型的有效性,利用测试样本对模型进行测试。检验方法为利用所构建的函数模型计算测试样本位置的叶绿素含量,与测试样本的实测值进行比较,并计算二者之间的均方根误差。利用所构建的叶绿素反演模型对试验区的叶绿素进行反演,可以实现无人机对水华现象的监测。

从图 4.4 中可以看出,叶绿素反演效果良好,高浓度叶绿素主要分布在沿岸区域,符合水华分布的基本特征,对比图 4.4 右图的可见光影像发现,可见光中的高绿色区域,并不在反演的叶绿素高浓度区域,这也表明不能简单地通过视觉效果去判断水华的严重程度。

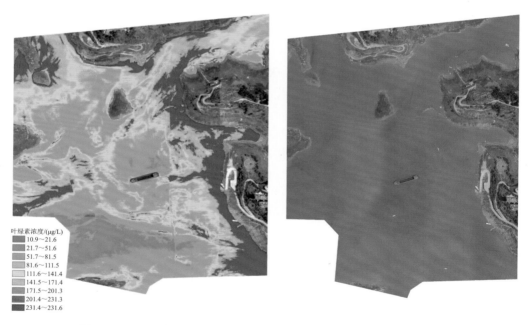

图 4.4　云阳县高阳镇采样点的叶绿素反演结果(右图为可见光对比图)

(3)无人机多光谱影像的悬浮物含量反演

与叶绿素反演相似,通过对采集的水样进行实验室分析,测量出各采样点的悬浮物的含量,分析三峡河段水域的悬浮物含量与构建的多种无人机光谱参数之间的相关性,通过相关性来选择最佳光谱参数,并建立相应的函数模型。为了验证所构建悬浮物反演函数模型的有效性,利用测试样本对模型进行测试。检验方法为利用所构建的函数模型计算测试样本位置的悬浮物含量,与测试样本的实测值进行比较,并计算二者之间的均方根误差。利用所构建的悬浮物反演模型对试验区的悬浮物进行反演,可以实现无人机对水体悬浮物的监测。

从图 4.5 中可以看出,黄石采样点悬浮物浓度总体较高,平均在 10 mg/L 以上。也可以发现悬浮物浓度存在明显断崖式变化区域,其原因可能是因为该采样点处于两条支流汇聚处,两股不同支流汇合后,可能使悬浮物产生浓度上的突变特征。

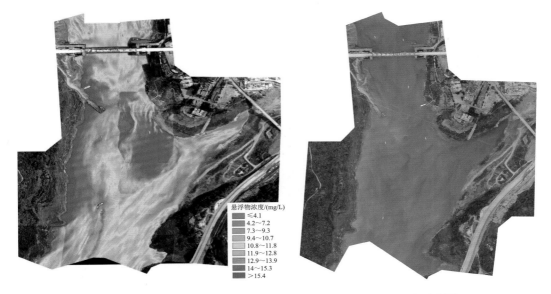

悬浮物浓度/(mg/L)
≤4.1
4.2~7.2
7.3~9.3
9.4~10.7
10.8~11.8
11.9~12.8
12.9~13.9
14~15.3
>15.4

图 4.5 云阳县黄石镇采样点的悬浮物反演结果(右图为可见光对比图)

4.2.4 三峡库区卫星遥感水生态监测

水体遥感反射率是计算水质遥感监测的基础,遥感监测通常以遥感反射率作为输入,且水体反射率受到水体光学参数(如叶绿素、悬浮泥沙等)的影响。首先对研究区域进行裁剪,获取研究区影像;其次对研究区域的水体进行提取,参考前人研究,利用绿光和近红外波段构建归一化差异水体指数,能较好地去除水体外的光谱信息。

通过卫星遥感影像和实地测量数据监测悬浮物和叶绿素浓度两种水质参数,需要对遥感影像数据和实测数据建立水质参数反演模型。水体成分能影响水体的光谱特征,分析水体光谱特征和水质参数之间的关系,反演水质参数浓度。其中叶绿素在近红外波段存在反射峰,在红波段中有反射谷,二者在影像值之间具有差异,计算二者的差值和比值等增加图像的差异性,增强水体叶绿素的浓度信息。悬浮物浓度光谱参数,纯净水体的光谱特征是在蓝绿波段的反射较强,在红外、近红外波段的吸收较强,当水体中的悬浮物增多的时候,会改变其光谱特征,反射峰值会向长波方向移动。

选择实测光谱的敏感波段和哨兵 2 号(Sentinel-2)影像的 B2~B5 中心波段分别与水体叶绿素和悬浮泥沙数据构建相关关系,得到相关性最好的两个波段。对两个波段经波段运算后,再与叶绿素和悬浮泥沙数据构建相关关系,选择最佳波段用于构建经验统计模型。再将经过辐射定标、大气校正后的哨兵 2 号遥感反射率代入回归模型,得到反演的悬浮泥沙浓度分布,再结合叶绿素和悬浮泥沙实测值来进行精度验证。

(1)卫星遥感影像的叶绿素浓度反演

通过对采集的水样进行叶绿素分离,测量出各采样点的叶绿素的含量,并以此为基础,分析不同水域的叶绿素与构建的多种卫星遥感光谱参数之间的相关性,通过相关性来选择最佳光谱参数,并建立相应的函数模型。为了进一步验证所构建的函数模型的有效性,利用测试样本对模型进行测试。检验方法为利用所构建的函数模型计算测试样本位置的叶绿素含量,与测试样本的实测值进行比较,并计算二者之间的均方根误差。

利用所构建的叶绿素反演模型对试验区的叶绿素进行反演,可以实现对水华现象的监测,如图 4.6 所示。

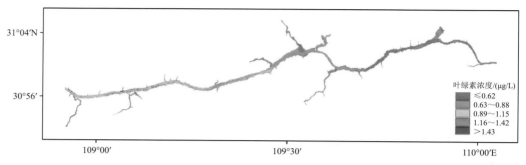

图 4.6　利用哨兵 2 号多光谱数据反演三峡河段叶绿素结果

从图 4.6 中可以发现,利用所构建的函数模型反演长江三峡河段 2020 年 5 月中旬的叶绿素含量主要为绿、淡绿和黄三类色标,其对应的叶绿素含量分别为:小于等于 0.62 μg/L、0.63~0.88 μg/L、0.89~1.15 μg/L。从叶绿素含量的空间分布上看,在研究区域的上游(西侧)的叶绿素浓度高于下游(东侧),结合河段地理位置可知,云阳—奉节长江河段的叶绿素浓度高于奉节—巫山长江河段,分析其原因,在云阳—奉节河段,长江河道较为宽阔,水流速度较慢。而奉节—巫山长江河段(三峡)的河道狭窄,水流较快,比起前者,该河段的水体富营养物质难以聚集,微生物及藻类生长条件较差,繁殖较难,因此体现出叶绿素含量偏低。这也与实际情况相吻合,表明建立的三峡叶绿素卫星遥感反演模型有效。

(2)卫星遥感影像的悬浮物含量反演

通过对采集的水样进行悬浮物分离,测量出各采样点的悬浮物的含量,并以此为基础,分析不同水域的悬浮物与构建的卫星遥感光谱参数的相关性,通过相关性来选择最佳光谱参数,并建立相应的函数模型。为了进一步验证所构建的函数模型的有效性,利用测试样本对模型进行测试。检验方法为利用所构建的函数模型计算测试样本位置的悬浮物含量,与测试样本的实测值进行比较,并计算二者的均方根误差。

利用所构建的悬浮物反演模型对试验区的悬浮物进行反演,可以实现对悬浮物的监测,如图 4.7 所示。

从图 4.7 可以发现,利用所构建的函数模型反演长江三峡河段 2020 年 5 月中旬的悬浮物含量主要为绿、淡绿、橙和红四类色标,其对应的悬浮物含量分别为:小于等于 0.59 mg/L、0.60~1.22 mg/L、1.23~1.71 mg/L、大于 1.72 mg/L。从悬浮物含量的空间分布上看,在研究区域的上游(西侧)的悬浮物浓度略高于下游(东侧),结合河段地理位置可知,云阳—奉节长江河段的悬浮物含量高于奉节—巫山长江河段,分析其原因,在云阳—奉节河段,长江河道较为宽阔,水流速度较慢。而奉节—巫山长江河段(三峡)的河道狭窄,水流较快,比起前者,该河段的悬浮物难以聚集,因此体现出悬浮物含量偏低,这也与实际情况相吻合。

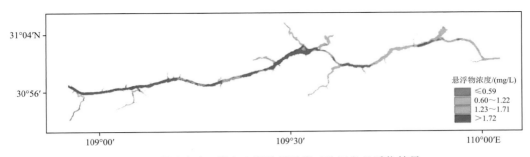

图 4.7　利用哨兵 2 号多光谱数据反演三峡河段悬浮物结果

4.2.5　基于多源数据的水生态遥感监测

三峡水库蓄水后各支流回水区的水文情势发生了改变,逐步具备库湾的水体特性,部分支流回水区水华频发,每年的 4—5 月为高发期。为了获取三峡库区重庆段的水生态信息,利用大疆精灵 4 多光谱无人机和 Landsat7 数据,结合 2021 年 5 月 30 日—6 月 3 日实地采集的水质数据,建立了叶绿素 a 含量反演模型,对三峡水库小江支流的叶绿素含量进行了监测。结果显示:三峡水库小江支流 5 月 31 日的叶绿素 a 含量大致在 30.82~245.60 μg/L,从叶绿素 a 的空间分布上来看,水面宽阔水流缓慢的高阳镇小江河段叶绿素 a 浓度较高,在 220.00 μg/L 左右;云阳县黄石镇次之,在 60.00 μg/L 左右;云阳县养鹿镇、开州区渠口镇及长江和小江交汇处河口的叶绿素 a 浓度相对较低,在 40.00 μg/L 左右(图 4.8)。

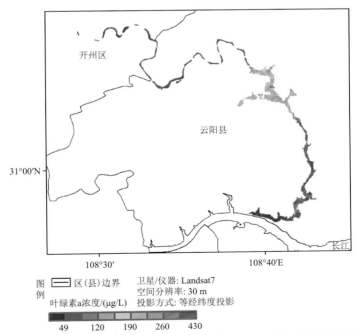

图 4.8　2021 年 5 月 31 日无人机数据增强后的小江支流卫星叶绿素浓度空间分布

三峡库区水生态遥感监测,主要是基于无人机航测的水生态监测和基于卫星遥感的水生态监测,其中重点是监测水体的叶绿素含量和悬浮物含量。通过对无人机和卫星遥感两种技术对水生态参数进行反演结果分析,得到一些关于二者在水体叶绿素和悬浮物含量监测中的一些特征:卫星遥感监测技术具有更高的空间特征反演能力,虽然无人机遥感也能对全水域进行监测,从而获取叶绿素的空间分布特征,但数据采集的成本较卫星遥感更高。但是,无人机数据采集的时间较为灵活,可以在任何需要监测的时刻进行数据采集,不需要顾及云雾的影响。而卫星遥感技术的数据采集只能是在卫星过境期间,且严重受到云雾天气影响,数据采集的灵活性较差,对监测条件要求较高,尤其是对于三峡库区云雾天气较多的环境,利用卫星遥感监测水生态的难度更大。无人机遥感和卫星遥感两种监测技术具有各自的优势和劣势,将二者进行结合,可以有效弥补劣势,从而提高水生态监测的效率和准确度,降低监测成本。

4.2.6　小结

水体成分能影响水体的光谱特征,分析水体光谱特征和水质参数之间的关系,可以用来反演水质参数浓度。本节利用卫星遥感影像和实地测量数据监测悬浮物和叶绿素浓度两种水质参数,建立水质参数反演模型。选择实测光谱的敏感波段和哨兵 2 号(Sentinel-2)影像的 B2~B5 中心波段分别与水体叶绿素和悬浮泥沙数据构建相关关系,得到相关性最好的两个波段。对两个波段经波段运算后,再与叶绿素和悬浮泥沙数据构建相关关系,选择最佳波段用于构建经验统计模型。再将经过辐射定标、大气校正后的哨兵 2 号遥感反射率代入回归模型,得到反演的悬浮泥沙浓度分布,再结合叶绿素和悬浮泥沙实测值来进行精度验证。

4.3　湿地演变监测评估

4.3.1　湿地遥感监测的意义

湿地是地球表层系统的重要组成部分,是自然界最具生产力的生态系统和人类文明的发祥地之一。湿地不但为经济社会发展提供丰富的水资源、食物和原材料,而且在航运、蓄洪防旱、旅游与休闲等方面的经济辅助功能也越来越显著,维护生物多样性的生态作用越来越明显。但长期以来,大众对湿地的重要性认识不足,开发过度、保护不力,造成了湿地生态系统的严重失衡,湿地资源日益减少,湿地资源保护迫在眉睫。

重庆市地处我国西南,东邻湖北、湖南,南靠贵州,西接四川,北连陕西,是长江上游最大的经济中心和水陆交通枢纽。重庆属青藏高原与长江中下游平原的过渡地带,地跨扬子准地台和秦岭地槽两大构造单元,有两个 I 级地层构造区,5 个 II 级地层分区及 8 个 III 级地层小区。总地势为东北及东南高、中西部低。重庆境内江河纵横、水网密布,过境长江干流达 600 余千米,湿地资源十分丰富。

4.3.2　面向对象的重庆市湿地遥感识别

结合中国湿地的实际情况,国内湿地在全国第一次湿地资源调查中被划分为滨海、河流、湖泊、沼泽和库塘湿地共 5 个大类 28 个小类。在全国第二次湿地资源调查中,国家湿地分为 5 个大类 34 个小类,包括近海和沿海、河流、湖泊、沼泽和人工湿地。据此,构建重庆市湿地分类体系。基于 Landsat 卫星遥感数据,采用面向对象的遥感识别方法,实现重庆市湿地资源的高精度提取。

由于全国第二次湿地资源调查对重庆市的湿地类型进行了系统性的调查,本次研究利用调查结果进行参照分类。本节遵循湿地分类的原则,结合《湿地公约》和全国第二次湿地资源调查中重庆湿地的调查结果,建立重庆市湿地分类系统,湿地分为两个一级类和五个二级类,一级类包括自然湿地与人工湿地两种,其中自然湿地分为河流、湖泊和沼泽,人工湿地分为水稻和库塘;其分类系统和界定标准如表 4.1,解译标志见表 4.2。

表 4.1　重庆市湿地分类系统及界定标准

一级类型	二级类型	界定标准
自然湿地	河流	季节性的永久性的河流
	湖泊	天然形成的,水深平均为 2 m 左右常年积水的湖泊水域
	沼泽	生长芦苇等的湿润地
人工湿地	稻田	影像上有规则纹理,结构均匀,颜色为绿,不同月份颜色不同
	库塘	人工修筑的形状较规则的水库等,显示水体特征

表 4.2　重庆市湿地解译标志

湿地类型	像元纹理特征	形状	色调特征 (OLI* 7、4、3)	例图
河流	纹理均匀	长条状,细小河流边界较模糊,不规则形状	深蓝色	
湖泊	纹理均匀	不规则形状,边界不规则	深蓝色和黑色	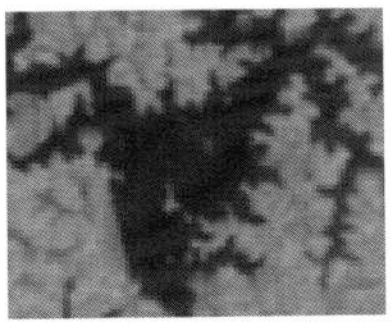
库塘	纹理较粗糙	矩形,边界比较规则	深蓝色或黑色	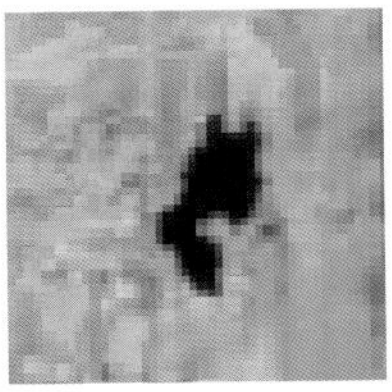
水稻	纹理均匀细腻,平滑	不规则块状	不同月份颜色不一,有绿色、黄色等	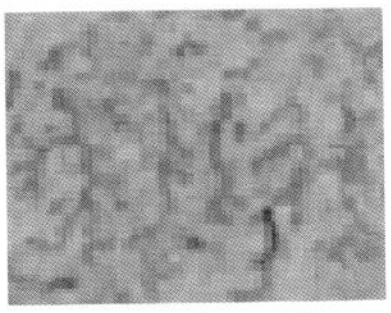
沼泽	纹理均匀细腻	形状不规则	颜色成绿色,多有芦苇等植物生长	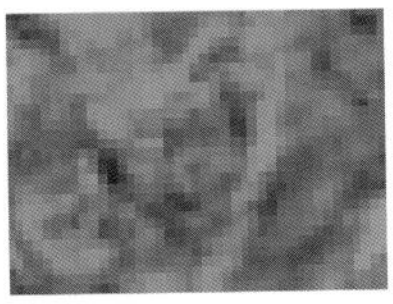

注:OLI 为 Landsat 卫星上搭载的陆地成像仪(Operational Land Imager, OLI)传感器。

本节采用面向对象分类算法,即同时利用地物本身的光谱信息、空间信息(形状、纹理、面积、大小)等要素,使地物分类结果更接近现实中的形状,然后运用多尺度分割与光谱差异分割结合,将整幅影像的像素层进行分组,形成分割对象层。

采用易康(ecognition)软件提取湿地信息,将图像分割成对象后使用对象的特征值描述对象,建立对象与类之间的关系和判别规则,将对象分配到相应的类中。在进行规则建立时,首先要进行对象特征变量的选取。可取的特征变量如下。

①归一化差分植被指数(NDVI):能显示地表植被的分布,反映地表植被的生长和覆盖情况。NDVI值越高,数据中包含的植被信息越丰富,该区域的植被越丰富,可用来区分植被。也可以根据实际研究需要设置NDVI参数,根据实际情况可以更好地区分植被与非植被地物。

$$NDVI = (NIR - Red)/(NIR + Red) \tag{4.7}$$

式中:NIR为近红外波段值;Red为红光波段值。

②归一化建筑指数(NDBI):通过对NDVI植被指数的进一步研究,可以有效地提取城市建设用地。

$$NDBI = (MIR - NIR)/(MIR + NIR) \tag{4.8}$$

式中:NDBI为归一化建筑指数;MIR为中红外波段值;NIR为近红外波段值。

③近红外波段(NIR):该波段对水体、绿色植物类别差异最敏感,为植物通用波段,处于水体强吸收区,水体轮廓清晰。

④蓝波段(B):对植物的绿色反射敏感,对健康生长的茂密植物的反射敏感,因为它位于叶绿素的两个吸收带之间,所以可用于增强对植被的识别能力。

⑤增强型水体指数(EWI):在水体指数基础上进行增强得到的,可以更好地将水体与植被区分出来。

$$EWI = (Band2 - Band4 - Band5)/(Band2 + Band4 + Band5) \tag{4.9}$$

式中:EWI为增强型水体指数;Band2、Band4、Band5分别为Landsat OLI第2、4、5波段值。

⑥归一化差异水体指数(NDWI):基于绿色波段和近红外波段的归一化比率指数。该指数通常用于提取图像中的水体信息。

$$NDWI = (Green - MIR)/(Green + MIR) \tag{4.10}$$

式中:NDWI为归一化差异水体指数;Green为绿光波段值;MIR为中红外波段值。

⑦形状指数(I):据水体指数或植被指数,不能准确地解释详细的水体信息,可以根据不同水体的不同形状特征进行区分。即形状指数,I越小,形状越规则;I越大,水体形状越复杂。

$$I = A^{(1/2)}/P \tag{4.11}$$

式中:A为面积;P为周长。

对影像进行多尺度分割后,采用绿度信息设置阈值区分云体,设置阈值为$56<Green<500$,使用对象的近红外波段均值特征或者增强型水体指数EWI,设置阈值为$-0.362<EWI<-0.070$,另外根据水体纹理不同,需要用形状指数区分河流湖泊、库塘等湿地类型。根据相关文献和先验经验,反复试验,本研究将湖泊的形状指数设为$0.06956<I<0.09060$,库塘为$0.102<I<0.170$,否则为河流。利用距河流中心1.717 km和$-0.27<EWI<-0.16$将滩涂区分出来。然后阈值$0.11<NDBI<0.30$提取其他用地,结合高空间分辨率遥感影像,区分出水田和其他用地,设置阈值OLI3<43提取沼泽(OLI为Landsat卫星上搭载的陆地成像仪传

感器）。

    利用 2017 年 Landsat8 数据，通过面向对象的信息提取方法，完成重庆市湿地资源的遥感监测，并结合统计资料，对重庆市的湿地资源进行分析。2017 年重庆市湿地类型总面积为 97.420 万 hm²。其中，河流湿地面积约为 16.750 万 hm²；湖泊湿地面积约为 0.054 万 hm²；沼泽湿地面积约为 0.006 万 hm²；库塘湿地面积约为 11.780 万 hm²；稻田湿地面积约为 68.830 万 hm²，在重庆市湿地资源中占主要地位（图 4.9）。湿地呈现地域性分布特点（图 4.10）。自然湿地面积 16.81 万 hm²，占全市湿地总面积 17.25%，自然湿地以河流为主，主要为干流河流，支流较少，湖泊、沼泽、沼泽化草甸等湿地类型则均为零星分布，数量较少；人工湿地面积为 80.61 万 hm²，占全市湿地总面积 82.75%，人工湿地以水稻湿地为主，广泛分布于全市各个地区，集中分布于市内中部和西部地区，库塘为零星分布。

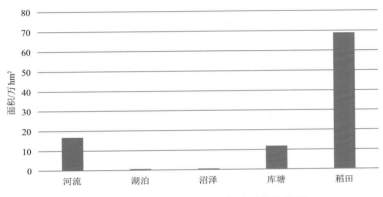

图 4.9 2017 年重庆市湿地类型面积柱状图

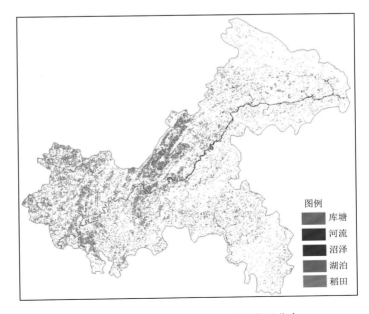

图 4.10 2017 年重庆市湿地资源类型分布

在 5 个二级湿地类型中,水稻湿地占比排全市第一,约 70.65%;其次为河流湿地,约 17.19%;湖泊湿地和沼泽湿地面积占比都不足 0.01%,空间分布极为不均。

监测发现,湿地面积呈现减小趋势,以水稻为例,2000 年重庆市水稻湿地总面积为 77.66 万 hm^2,2017 年为 68.83 万 hm^2,减少 8.83 万 hm^2。分析重庆湿地资源保护和利用现状,当今湿地面临的形势不容乐观,主要问题有过度开发利用导致湿地面积减少、湿地景观破坏严重、湿地生态环境恶化、生物多样性减少,同时生活生产废水的不合理排放使湿地资源遭受严重污染,湿地生态功能下降严重。为协调处理好资源保护与经济发展的关系,切实保证湿地资源永续利用,我们需加强对现有湿地资源的分析和研究,建立健全湿地资源管理体系和自然保护研究网络,加强湿地立法工作,加大湿地保护及宣传教育工作的力度,使公众意识到湿地资源保护的重要性和迫切性。

4.3.3　小结

本节利用 2017 年 Landsat8 数据,采用面向对象的信息提取方法,完成重庆市湿地资源的遥感监测,并结合统计资料,对重庆市的湿地资源进行分析。2017 年重庆市湿地类型总面积为 97.420 万 hm^2。其中,河流湿地面积约为 16.750 万 hm^2;湖泊湿地面积约为 0.054 万 hm^2;沼泽湿地面积约为 0.006 万 hm^2;库塘湿地面积约为 11.780 万 hm^2;水稻湿地面积约为 68.830 万 hm^2,在重庆市湿地资源中占主要地位。自然湿地面积为 16.81 万 hm^2,占全市湿地总面积的 17.25%,自然湿地以河流为主,主要为干流河流,支流较少,湖泊、沼泽、沼泽化草甸等湿地类型则均为零星分布,数量较少;人工湿地面积为 80.61 万 hm^2,占全市湿地总面积的 82.75%,人工湿地以水稻湿地为主,广泛分布于全市各个地区,集中分布于市内中部和西部地区,库塘为零星分布。

4.4　三峡库区消落带监测评估

4.4.1　消落带遥感监测的意义

消落带是指江河、湖泊、水库等水体季节性涨落使水陆衔接地带的土地被周期性地淹没和出露而形成的干湿交替地带。三峡水库正常运行后,每年 6—9 月按防洪限制水位 145 m 运行,10 月底—12 月保持正常蓄水位 175 m,1—4 月为工程的供水期,水位逐渐回落,直到 5 月底坝前水位降至限制水位,为即将到来的汛期腾出库容。受大坝周期性调整防洪水位与蓄水水位的影响,三峡库区两岸形成垂直落差达 30 m,面积超过 300 km^2 的消落带。

消落带是水、陆及其生态系统的交错过渡与衔接区域,容易受到自然和人为的双重威胁,耐旱植物会在蓄水期被淹死,耐淹植物会在枯水期干死。没有植物,水土会随着江水而去,污染水体。而植物作为自然界的主要生产者,是整个生物圈的物质和能量代谢循环的原始基础,也是生物圈和大气圈的物质能量交换的主导媒介。植物为人类生活提供了丰富的原料保障。消落带植物群落是消落带生态系统不可缺少的重要组成部分,在维护消落带生态系统稳定和生态系统功能发挥等方面起着至关重要作用。

三峡库区重庆段包含了长江流域因三峡水电站的修建而被淹没的重庆市所辖 22 个区(县)。库区成库面积 1024 km^2,库容 400 亿 m^3,库长 660 km,重庆境内 580 km。为深入贯彻落实习近平总书记对重庆"两点""两地""两高"定位要求,面向生态文明建设,突出"山清水秀美丽之地"的需求导向,三峡水库消落带形成后,原陆生环境迅速转变为"冬水夏陆"的干湿交替环境,大多数原陆生植物不适应新的生境而死亡,只有不同程度适应新生境的植物才能在消落带生存和繁衍。这种由水位波动引起植物群落组成结构的巨大变化,导致消落带生物多样性显著下降、生态系统功能退化并对水库生态安全造成威胁。因而,科学地进行消落带管理和利用被认为是维持消落带生态系统功能和保障三峡水库生态安全和可持续发展的重要手段。

现有的对库区消落带的综合调查与研究主要是基于人工,不仅费时费力,且难以获得较长时间序列的资料。遥感技术近些年得到了飞速的发展,通过遥感影像获取地物信息也成为了一种便捷、高效的方法。遥感卫星的观测时间具有时效性、观测范围具有广泛性、观测结果具有稳定性等特点,使获得的遥感影像不仅具有丰富地物信息,而且可以提供更多稳定的遥感数据,为人类对于地表物体的研究提供有力的数据支撑。

4.4.2　消落带监测方法

合成孔径雷达(Synthetic Aperture Radar,SAR)技术是一种被广泛用于遥感领域的雷达技术,可以在不受天气、时间、云层和日照等自然条件限制的情况下获取地表反射率信息,因此被广泛应用于陆地和海洋领域。其中,水体提取是 SAR 遥感应用中的一个重要方向。

SAR 的电磁波在穿过大气层和到达地表后会发生反射和散射,形成回波信号。水体与陆地在 SAR 回波信号中的反射率特征不同,主要表现在以下方面。

①水体与陆地界面反射率变化明显:在 SAR 图像中,水体与陆地之间的反射率变化明显,可以用来划分水体和陆地的边界。

②湍流区反射率低:湍流区的反射率比自由水面低,因为水流会导致较强的粗糙度。

后向散射能力的大小与地物的表面粗糙度及影像入射角大小息息相关。陆地水域以镜面散射为主,后向散射能力很弱,而植被、城镇等非水体表面粗糙,对雷达波束具有较强的后向散射能力,因此可采用一定的阈值分割方法,当图像的后向散射强度小于阈值时定义为水体,大于阈值定义为非水体,从而实现水体信息的自动提取。完成丰水期及枯水期水体提取后,对水体区域做差,即可得到消落带。

4.4.3　2020 年消落带监测结果

基于 Sentinel-1 SAR 雷达 6 月上旬(防洪)和 10 月上旬(蓄水)卫星影像对比提取了三峡库区消落带,针对库区水体干流与支流分别选取了涪陵蔺市镇、忠县、万州、开州汉丰湖 4 个典型区域制作了消落带分布图(图 4.11),其中红色区域为消落带,可视区域范围内消落带面积分别为 5.47 km²、1.62 km²、1.19 km²、0.99 km²。

利用 2020 年 5 月 23 日的可见光遥感资料对四个典型地区消落带植被生态进行监测,制作了真彩图及归一化植被指数分布图(图 4.12～图 4.15)。结果显示涪陵蔺市镇和忠县消落带植被恢复较好,万州及开州汉丰湖水坝下游中的部分消落带区域存在植被稀疏、土壤裸露等问题,消落带生态存在改善空间,科学综合治理消落带,是增加绿地面积、减少水土流失、提升三峡生态品质的必要手段,生态环境保护任重道远。

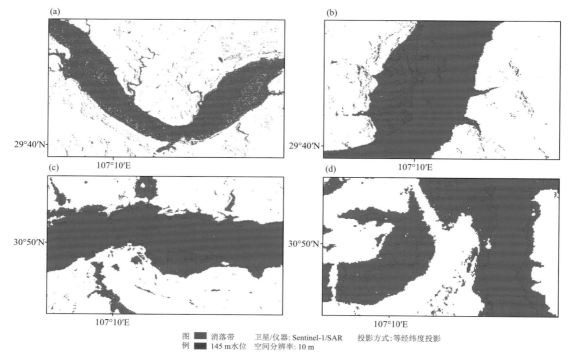

图 4.11　2020 年三峡库区典型消落带分布卫星监测

（a）蔺市镇；（b）忠县；（c）万州；（d）开州汉丰湖

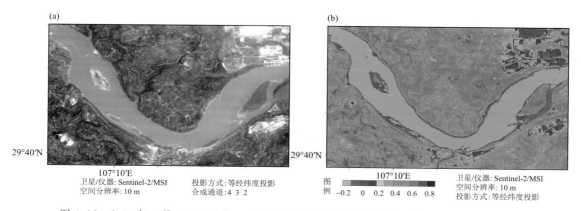

图 4.12　2020 年 5 月 23 日（a）蔺市镇消落带真彩卫星监测；（b）归一化植被指数卫星监测

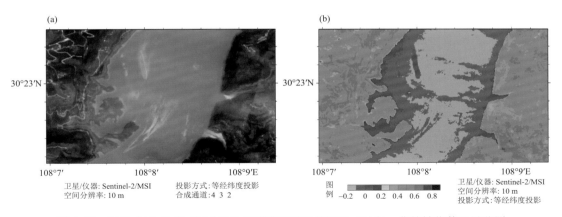

图 4.13　2020 年 5 月 23 日(a)忠县消落带真彩卫星监测;(b)归一化植被指数卫星监测

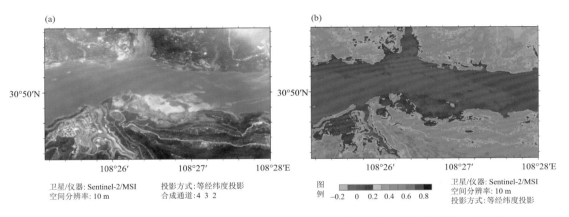

图 4.14　2020 年 5 月 23 日(a)万州消落带真彩卫星监测;(b)归一化植被指数卫星监测

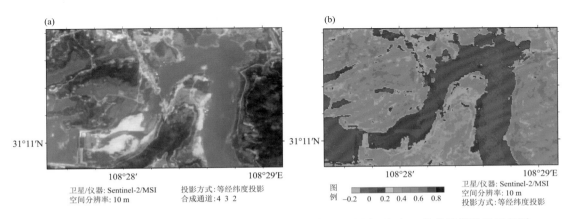

图 4.15　2020 年 5 月 23 日(a)开州汉丰湖消落带真彩卫星监测;(b)归一化植被指数卫星监测

4.4.4 小结

本研究基于 Sentinel-1 SAR 影像,通过阈值法提取水体,得到三峡库区重庆段水体分布时空变化情况,并提取了消落带分布,结果表明 Sentinel-1 SAR 影像具有高分辨率,且不受云雾干扰的特点,在高分辨率卫星中属于重返周期短的卫星影像,能较好满足三峡库区狭长水道提取目标。

第5章
山地陆表生态气象

5.1 植被分布特征及变化

  植被是陆地生态系统中最基础的部分,具有截留降水、减缓径流、保土固土等功能,同时也是连接土壤、大气和水分的自然"纽带",在全球变化研究中起到"指示器"的作用。同时,植被覆盖变化是生态环境变化的直接结果,它在很大程度上代表了生态环境的总体状况。植被覆盖度是指植被(包括叶、茎、枝)在地面的垂直投影面积占统计区总面积的百分比。植被覆盖度是刻画地表植被状况的一个重要参数,同时也是影响土壤侵蚀和水土流失的重要因子,在全球变化、气候、水文、生态等研究中发挥着重要的作用(Gitelson et al.,2002)。大尺度的植被变化研究结果表明,北半球的植被覆盖度呈现逐年增加的趋势(Myneni et al.,1997),中国近年来植被覆盖度也在总体增加(方精云 等,2003)。植被覆盖变化主要是地球内部因子(土壤母质、土壤类型、地形等)以及外部因子(气温、降水、人类活动等)综合作用的结果,大范围内的植被覆盖变化体现了自然和人类活动对生态环境的影响。

  卫星遥感技术的发展,使得大尺度范围内的连续实时观测成为可能,遥感技术作为对地观测的一个重要工具,在时间和空间上都具有很大的优势(郭铌 等,2015)。遥感数据的可重复获取是其相对于传统地面观测手段的优势之一,利用多时相卫星遥感数据进行分析,是遥感数据的一个重要应用领域(王鑫 等,2015)。并且,多源遥感数据(多时相、多传感器、多平台、多分辨率)提供的信息具有互补性,可以更加准确、可靠地对植被覆盖度进行定量估算(Shabanov et al.,2002)。快速、及时获取植被覆盖度的变化信息对研究区域气候、土地覆盖变化、合理的开发和利用自然资源以及社会的可持续发展具有重要的意义。

  本节利用 MODIS 遥感数据,通过植被指数产品(NDVI)以及像元二分模型计算植被覆盖度,对重庆市植被覆盖度的时空分布以及多年变化趋势进行分析,并探讨影响植被覆盖度空间差异特征的因子,以期更好地理解和模拟区域陆地生态系统的动态变化特征,为重庆市和三峡库区生态建设提供有用的空间信息和理论支持。

5.1.1 植被覆盖度估算模型

  植被覆盖度的测量可分为地面测量和遥感估算两种方法。地面测量常用于田间尺度,遥感估算常用于区域尺度。目前已经发展了多种利用遥感测量植被覆盖度的方法,一个较为实用的方法为像元二分模型(李苗苗 等,2004;贾坤 等,2013)。像元二分模型,假设像元只由两部分构成:植被覆盖地表与无植被覆盖地表。所得的光谱信息也只由这两个组分因子线性合成,它们各自的面积在像元中所占的比率即为各因子的权重,其中植被覆盖地表占像元的百分比即为该像元的植被覆盖度。因而可以使用此模型来估算植被覆盖度 FVC,具体如下:

$$FVC = \frac{NDVI - NDVI_{soil}}{NDVI_{veg} - NDVI_{soil}} \tag{5.1}$$

式中:$NDVI_{soil}$ 为完全是裸土或无植被覆盖区域的 NDVI 值;$NDVI_{veg}$ 则代表完全被植被所覆盖的像元的 NDVI 值,即纯植被像元的 NDVI 值。$NDVI_{soil}$ 和 $NDVI_{veg}$ 的取值是像元二分模型应用的关键。对于纯裸地像元,$NDVI_{soil}$ 理论上应该接近于 0,且不随时间的变化而变化。但实际上由于大气条件、地表湿度以及太阳光照条件等因素的影响,$NDVI_{soil}$ 并不是一个定值,其变化范围一般为 $-0.1 \sim 0.2$。对于纯植被像元来说,植被类型及其构成、植被的空间分布和植被生长的季相变化都会造成 $NDVI_{veg}$ 值的时空变异。

由于云、水、雪在可见光波段比近红外波段有较高的反射作用,因而其 NDVI 为负值。在本研究中,将 NDVI 小于 0 的像元赋值为无效值,在此基础上用研究区域内累积频率为 1% 的 NDVI 值为 $NDVI_{soil}$,累积频率为 99% 的 NDVI 值为 $NDVI_{veg}$ 来计算植被覆盖度,并以百分比（%）表示。

为了定量研究植被覆盖度的变化趋势,采用一元线性回归分析的方法,对研究区每个格网点上 21 年的植被覆盖度进行回归模拟,并利用最小二乘法计算出每个像元的变化趋势和变化幅度,公式为:

$$SLOPE = \frac{n \times \sum\limits_{i=1}^{n} i \times C_i - \left(\sum\limits_{i=1}^{n} i\right)\left(\sum\limits_{i=1}^{n} C_i\right)}{n \times \sum\limits_{i=1}^{n} i^2 - \left(\sum\limits_{i=1}^{n} i\right)^2} \tag{5.2}$$

式中:SLOPE 为 21 年来每个像元的变化趋势;n 为统计时间段年数;i 为时间变量,$i=1$ 时为 2000 年,$i=2$ 时为 2001 年,$i=21$ 时为 2020 年;C_i 为每个像元的植被覆盖度。SLOPE 反应的是植被覆盖度在研究期内的变化趋势,SLOPE>0 表示植被覆盖度在研究期内处于增加趋势,反之则为减少趋势。

5.1.2 植被覆盖度空间分布

植被覆盖度的取值范围为 $0 \sim 100\%$,其中,0 表示无植被覆盖,100% 表示全植被覆盖,值越大表明植被覆盖度越高。重庆市 2020 年平均植被覆盖度为 68.66%,呈现出明显的空间分布差异(图 5.1)。河流等水域由于常年被水覆盖,植被覆盖度为 0,城镇等地区由于大规模的城市建设用地,植被覆盖度较低,重庆市主城区以及西南部形成了明显的低植被覆盖度区域。植被覆盖度较高的地方主要集中在山区,与山脉走势基本一致,农用耕地比例较高的平坝丘陵地区植被覆盖度较低,城镇区域植被覆盖度较低,主城区核心区域植被覆盖度最低。植被覆盖度分布与森林分布、土地利用变化密切相关。

2020 年全市平均植被覆盖度相比 2000 年增加了 17.41%;其中,植被覆盖度大于 70% 的区域面积,占全市总面积的 52.14%(表 5.1),面积相比 2000 年扩大 40410 km²。

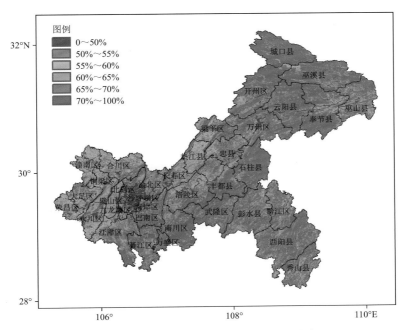

图 5.1　2020 年重庆市植被覆盖度空间分布

表 5.1　重庆市 2000—2020 年植被覆盖度分布统计表

年份	面积比例	植被覆盖度/%					
		0～50	50～55	55～60	60～65	65～70	70～100
2000 年	面积/km²	38315.30	17886.40	11832.80	7450.38	4336.88	2552.25
	所占比例/%	46.51	21.71	14.36	9.04	5.26	3.10
2020 年	面积/km²	4197.00	2644.10	6162.70	10804.00	15628.70	42962.80
	所占比例/%	5.09	3.21	7.48	13.11	18.97	52.14

5.1.3　植被覆盖度变化趋势

植被覆盖度的月变化十分明显,呈现弧形变化趋势,不同阶段的生理特点差异决定了不同季节植被覆盖度的差异(图 5.2)。植被覆盖度在 7 月达到了最高值,在春季和冬季较低。植被覆盖度的高低与植被长势密切相关,而植被长势又受到温度和降水的影响。重庆处于中纬度地带,属于亚热带季风性湿润气候,夏季充足的降水与适宜的气温有利于植被的生长,并且在夏季,大部分植被能够达到生长发育的鼎盛期,因此在夏季植被覆盖度较高。秋季是植被的成熟期,除常绿植被以外的其他植被由于落叶造成植被覆盖度从夏季开始逐渐降低。冬季温度较低,由于低温对植被生长的限制使得冬季植被覆盖度较低。到了春季,温度回升,植被开始生长发育,植被覆盖度慢慢增加,到夏季达到最高点。植被覆盖度就这样以年为周期循环变化。

2000—2020 年,重庆市植被覆盖度历年变化呈波动上升趋势,平均年变化率为 0.85%(图 5.3)。2000—2001 年、2005—2006 年,植被平均覆盖度均呈下降趋势,这可能是由于 2001 年以及 2006 年持续的干旱影响了植被的生长发育。2007—2008 年,植被覆盖度降低幅度较为

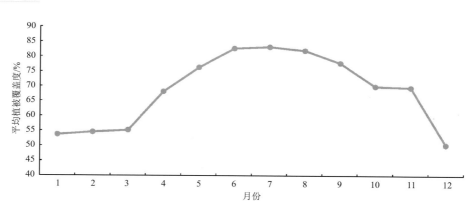

图 5.2　2020 年重庆市月平均植被覆盖度变化

明显,这可能是由于 2008 年 1 月开始的南方冰雪灾害的影响,长时间的低温、雨雪冰冻天气对植被的生长造成了影响,使得植被覆盖度较 2007 年降低较大。2008—2020 年,植被覆盖度呈现缓慢增加趋势。除了人为干扰因素外,植被覆盖度年际变化与每年气候等生长环境条件的变化有很大关系,尤其是与干旱、高温、低温、连阴雨等气象灾害的发生情况密切相关。

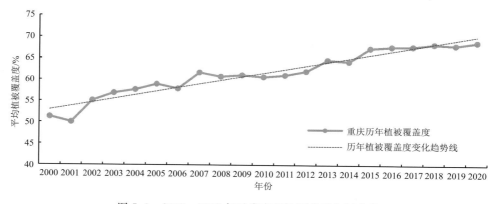

图 5.3　2000—2020 年重庆市植被覆盖度年际变化

　　为了定量研究植被覆盖度的变化趋势,采用一元线性回归分析的方法,对研究区每个格网点 21 年以来的植被覆盖度进行回归模拟,计算出每个像元的变化趋势和变化幅度。植被覆盖度年变化率在 $-0.10\%\sim0.10\%$ 为基本稳定区域,$-0.35\%\sim-0.10\%$ 为轻微退化区域,$0.10\%\sim0.35\%$ 为轻微改善区域,$-0.70\%\sim-0.35\%$ 为中度退化区域,$0.35\%\sim0.70\%$ 为中度改善区域,小于 -0.70% 为明显退化区域,大于 0.70% 为明显改善区域。结果表明,2000—2020 年,重庆市植被覆盖度整体呈现增加趋势,但是不同的区域变化趋势存在一些差异(图 5.4)。总体来看,全市绝大部分地区的植被覆盖情况都有所改善,主城区城市新区及各区(县)城市新区,以及武隆仙女山、石柱黄水、黔江武陵山机场等部分地区,因场镇、机场等工程建设使植被覆盖退化明显。

　　21 年以来,重庆市植被覆盖度变化总体呈现改善趋势(表 5.2)。2000 年以来,重庆市退化区域(明显退化、中度退化、轻微退化)所占比例为 2.04%,改善区域(轻微改善、中度改善、明显改善)所占比例达 97.15%;其中,明显改善区域所占比例最大,为 73.43%。结果表明,尽

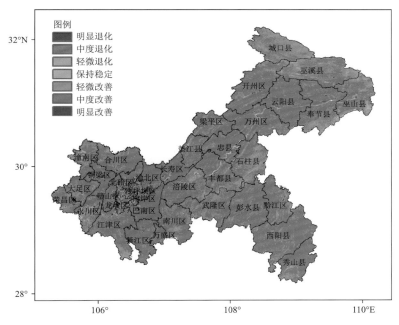

图 5.4   2020 年重庆市植被覆盖度变化趋势

管 2000 年以来全市城市建设处于高速发展阶段,城镇面积成倍增长,但得益于退耕还林、荒山绿化和城市绿化工作的突出成效,重庆市植被覆盖度变化仍呈总体改善趋势。

表 5.2   重庆市 2000—2020 年植被覆盖度变化所占区域比率统计

植被覆盖度变化趋势	明显退化	中度退化	轻微退化	保持稳定	轻微改善	中度改善	明显改善
面积/km²	763.13	435.63	475.06	665.38	2520.13	16991.40	60389.30
所占比例/%	0.93	0.53	0.58	0.81	3.06	20.66	73.43

5.1.4   小结

本节利用 MODIS 植被指数产品,根据像元二分模型计算植被覆盖度,分析 2000—2020 年重庆市植被覆盖度空间分布以及多年变化趋势。结果表明,重庆市植被覆盖度空间分布差异明显,渝东北的北部、中部的偏东和偏南区域植被覆盖度较高,渝西地区植被覆盖度相对较低。植被覆盖度较高的地方主要集中在山区,与山脉走势基本一致,城镇区域植被覆盖度较低,主城区核心区域植被覆盖度最低。植被覆盖度分布与森林分布、土地利用变化密切相关。

2000—2020 年,重庆市植被覆盖度历年变化呈波动上升趋势,平均年变化率为 0.85%。除了人为干扰因素外,植被覆盖度年际变化与每年自然生长环境条件的差异存在关系密切,尤其是自然灾害的影响。2000—2020 年,全市绝大部分地区的植被覆盖情况都有所改善;主城核心区、区(县)行政中心所在地植被退化较为明显;此外,武隆仙女山、黔江武陵山机场、石柱黄水等个别地区,植被覆盖退化明显,这与人类活动密切相关。总的来说,尽管 2000 年以来全市城市建设处于高速发展阶段,城镇面积成倍增长,但得益于退耕还林、荒山绿化和城市绿化工作的突出成效,重庆市植被覆盖度变化仍呈总体改善趋势。

5.2 植被生态质量评价

5.2.1 植被生态质量概述

随着国家生态文明建设的大力推进,资源环境承载力评价和生态质量综合评价成为国家研究的热点问题。2012 年,党的"十八大"报告首次将生态文明建设制定为国家重大战略方针。2015 年,增强生态文明建设被写入国家五年规划。生态文明建设越来越受到国家的重视。因此,建立生态质量评价模型及量化表达方式、提出生态综合评价的技术标准和规范显得尤为重要。生态环境是指生物和非生物构成的环境的总称(孙儒泳,2002;徐燕 等,2003),生态环境质量评价即基于选择的多重指标,综合运用评价方法量化区域生态环境质量的优劣(周华荣,2000)。在生态系统中,植被作为重要组成部分,承担着调节气候、涵养水源等多种作用(刘刚 等,2017;朱玉果 等,2019;孙成明 等,2015),植被生态质量对人们的生产生活、社会经济、生活品质、健康水平等均会产生影响。评估植被生态质量的参数多样化,包括植被指数(李双双 等,2012;穆少杰 等,2012;周伟 等,2014)(其中以归一化差分植被指数(NDVI)应用较多)、叶面积指数(LAI)、植被覆盖度(FVC)(Wang et al.,2004;Zhang et al.,2013;Shen et al.,2015)、植被生产力(谷晓平 等,2007;李刚 等,2008;秦豪君,2018;Lin et al.,2012)(植被净初级生产力 NPP、植被总生产力 GPP)、植被释氧及固碳量等。

5.2.2 植被生态质量计算方法

5.2.2.1 植被净初级生产力计算方法

植被净初级生产力(Net Primary Productivity,NPP)指在生态系统中,植被从大气中固定二氧化碳的速率减去通过呼吸将二氧化碳返回到大气中的速率(Cramer et al.,1999)。植被生态系统中,有机质的生产值常用净第一性生产力来表征,是指绿色植物在单位面积、单位时间内所积累的有机质数量,是光合作用所生产的有机质总量减去呼吸消耗后的剩余部分。一般以每平方米干物质的含量($g(C)/m^2$)来表示。植被净初级生产力(NPP)反映了植被在自然条件下的生产能力,其值越大表明产生的有机质越多,植被生长状况好、植被覆盖度高,生态环境越优质。

目前,NPP 估算模型可分为 4 类:统计模型、生态系统过程模型、光能利用模型和生态遥感耦合模型(智颖飙 等,2009;高江波 等,2016)。

统计模型是用于反映区域植被生产力的首批主要方法之一。该模型是利用野外调查的植被生产力数据和遥感数据,通过建立数学统计模拟区域植被生产力的时空变化。

过程模型是一个综合模型,它根据植物生理生长和发育的生理特征模拟生态系统的内部结构特征。在这个模型中,考虑的主要有光合作用、物候变化等,却没有考虑其他影响植物生长过程的因素。这类模型有 TEM、CENTURY(穆少杰 等,2012)、BIOME-BGC(周伟 等,2014)和 BEPS(李双双 等,2012)等。

光能利用模型是目前利用遥感数据反演植被生产力的主流方法之一。光能利用模型是通过卫星遥感信息测量光能利用率,然后估算 NPP,可用在区域或全球尺度的生态系统监测和评估中。这类模型有 SDBM(Wang et al.,2004),CASA(Zhang et al.,2013),GLO-PEM

(Shen et al.,2015)等。

遥感估算与生理生态过程的耦合引起了许多学者的广泛关注。主要通过对小尺度植物的生理和生态过程进行建模并将相应的关系与卫星遥感数据相结合来进行多时间尺度研究。大量研究表明,CASA 模型在估算植被 NPP 中的适用性更好、精度更高(Cao et al.,2016;Donmez et al.,2016;Goroshi et al.,2014;朴世龙 等,2001a,2001b;朱文泉 等,2007;高清竹 等,2007;杨红飞 等,2014;杨勇 等,2015;李猛 等,2017)。基于 CASA 模型的 NPP 计算如下:

$$\mathrm{NPP}(x,t) = \mathrm{APAR}(x,t) \times \varepsilon(x,t) \tag{5.3}$$

式中:$\mathrm{NPP}(x,t)$ 为 t 月份像元 x 处植被净初级生产力;$\mathrm{APAR}(x,t)$ 表示 t 月份像元 x 处吸收的光合有效辐射(单位为 $\mathrm{MJ/m^2}$);$\varepsilon(x,t)$ 表示在 t 月份像元 x 处实际光能利用率(单位为 g(C)/MJ)(刘雪佳 等,2019)。APAR 计算如下:

$$\mathrm{APAR}(x,t) = \mathrm{SOL}(x,t) \times \mathrm{FPAR}(x,t) \times 0.5 \tag{5.4}$$

式中:$\mathrm{SOL}(x,t)$ 表示 t 月份像元 x 处的太阳总辐射(单位为 $\mathrm{MJ/m^2}$);$\mathrm{FPAR}(x,t)$ 表示植被层对入射光合有效辐射的吸收比例;0.5 为植被能利用的太阳有效辐射(波长 0.4~0.7 $\mu\mathrm{m}$)占太阳总辐射的比例(刘雪佳 等,2019)。FPAR 由 NDVI 和植被类型确定,且不超过 0.95。

$$\mathrm{FPAR} = \min\left(\frac{\mathrm{SR}_{(x,t)} - \mathrm{SR}_{\min}}{\mathrm{SR}_{\max} - \mathrm{SR}_{\min}}, 0.95\right) \tag{5.5}$$

式中:$\mathrm{SR}_{(x,t)}$ 表示 t 月份像元 x 处的比值指数;$\mathrm{SR}_{\min}$ 为 1.08,$\mathrm{SR}_{\max}$ 的大小与植被类型相关(表 5.3),$\mathrm{SR}_{(x,t)}$ 由 $\mathrm{NDVI}_{(x,t)}$ 求得。

$$\mathrm{SR}(x,t) = \frac{1 + \mathrm{NDVI}(x,t)}{1 - \mathrm{NDVI}(x,t)} \tag{5.6}$$

光能利用率(ε)是受气温和水分条件影响的,它指的是通过植被吸收到的光合有效辐射(PAR)的转化为有机碳的效率,公式如下:

$$\varepsilon(x,t) = T_{\varepsilon 1}(x,t) \times T_{\varepsilon 2}(x,t) \times W_{\varepsilon}(x,t) \times \varepsilon_{\max} \tag{5.7}$$

式中:$T_{\varepsilon 1}(x,t)$、$T_{\varepsilon 2}(x,t)$ 表示气温对光能利用率 ε 的影响(无单位);$W_{\varepsilon}(x,t)$ 表示水分对光能利用率 ε 的影响(无单位);$\varepsilon_{\max}$ 表示理想的条件下的最大光能利用率 ε(单位为 g(C)/MJ)。

(1)气温胁迫因子的估算

$T_{\varepsilon 1}(x,t)$、$T_{\varepsilon 2}(x,t)$ 表示气温对光能利用率 ε 的影响

$$T_{\varepsilon 1}(x,t) = 0.8 + 0.02 \times T_{\mathrm{opt}}(x) - 0.0005 \times [T_{\mathrm{opt}}(x)]^2 \tag{5.8}$$

式中:$T_{\mathrm{opt}}(x)$ 表示某一区域一年内 NDVI 值达到最高时的当月平均气温(单位为℃),当某月的平均气温≤−10 ℃ 时,$T_{\mathrm{opt}}(x)$ 取 0。

$$T_{\varepsilon 2}(x,t) = \frac{1.184}{\{1 + \exp[0.2 \times (T_{\mathrm{opt}}(x) - 10 - T(x,t))]\}}$$
$$\times \frac{1}{\{1 + \exp[0.3 \times (-T_{\mathrm{opt}}(x) - 10 + T(x,t))]\}} \tag{5.9}$$

如果某月的平均气温 $T(x,t)$ 比 $T_{\mathrm{opt}}(x)$ 高 10 ℃ 或比 $T_{\mathrm{opt}}(x)$ 低 13 ℃,则这个月的 $T_{\varepsilon 2}(x,t)$ 值是月平均气温 $T(x,t)$ 为 $T_{\mathrm{opt}}(x)$ 时 $T_{\varepsilon 2}(x,t)$ 的 1/2。

(2)水分胁迫因子的估算

$W_{\varepsilon}(x,t)$ 反映的是水分对植物光能利用率的影响,随着有效的水在环境中的增加,$W_{\varepsilon}(x,t)$ 逐渐增大,它的取值范围是从 0.5(在极端干旱条件下)到 1.0(非常湿润条件下)。

$$W_{\varepsilon}(x,t) = 0.5 + 0.5 \times E(x,t) / E_{\mathrm{p}}(x,t) \tag{5.10}$$

式中：$E(x,t)$ 表示区域实际蒸散量（单位为 mm），它可以从周广胜等（1996）建立的区域实际蒸散模型中求得；$E_p(x,t)$ 表示的是区域潜在蒸散量，根据 Bouchet 提出的互补关系求取（Bouchet,1963）。

$$E = \frac{r \times R_n(r^2 + R_n^2 + r \times R_n)}{(r + R_n) \times (r^2 + R_n^2)} \quad (5.11)$$

式中：r 为降水量（单位为 mm）；R_n 为净辐射量（单位为 mm），可以通过遥感反演，也可以通过气象台站观测数据空间化，还可以利用算法计算。

$$R_n = (E_p \times r)^{0.5} \times (0.369 + 0.598 \times (E_p/r)^{0.5}) \quad (5.12)$$

（3）ε_{max} 的确定

ε_{max} 的取值参照朱文泉（2005）基于误差最小原理模拟的植被类型 ε_{max}，按照表 5.3 取 ε_{max} 的值。

表 5.3　每种植被类型的最大光能利用率和 SR 的最大值与最小值

植被类型	ε_{max}(g(C)/MJ)	SR_{max}	SR_{min}
常绿阔叶林	0.985	5.17	1.08
常绿针叶林	0.389	4.67	1.08
落叶阔叶林	0.692	6.17	1.08
落叶针叶林	0.485	6.63	1.08
混交林	0.768	5.85	1.08
草原	0.542	4.46	1.08
荒漠	0.542	4.46	1.08

5.2.2.2　植被生态质量指数计算方法

基于植被 NPP 和覆盖度构建植被生态质量指数，该指数在计算植被 NPP 和覆盖度的基础上，采用权重加权法计算当地或关注区域任意时段植被综合生态质量指数。计算当年植被 NPP 相对历史最高值的比值，确定植被 NPP 和覆盖度在综合生态质量指数中的权重，将当年植被 NPP 从"g(C)/(m²·a)"转换为相对历史最高值的比值，其值在 0～1，与数值在 0～1 的植被覆盖度相匹配，解决综合定量计算植被生态质量的问题，比单独用植被 NPP 或覆盖度定量表达植被生态状况更客观全面，适合整个陆地生态系统植被生态质量的估算，为监测评价植被生态质量、开展生态气象服务提供了重要技术支撑。计算式如下：

$$Q_i = 100 \times (f_1 \times \frac{NPP_i}{NPP_{max}}) + f_2 \times FVC_i \quad (5.13)$$

式中：Q_i 为植被生态质量指数，在 0～100 之间，其值越大，表明植被生态质量越好。源于《草地气象监测评价方法》（GB/T 34814—2017）、《植被生态质量气象评价指数》（GB/T 34815—2017）、《陆地植被气象与生态质量监测评价等级》（QX/T 494—2019）。NPP_i 为关注地域第 i 年的全年植被净初级生产力，取第 i 年全年各月净初级生产力的总和，其单位为 g(C)/m²；NPP_{max} 为关注地域的全年植被净初级生产力的历史最高值，关注年限至少为 10 年；FVC_i 为关注地域第 i 年的全年平均植被覆盖度，取全年各月植被覆盖度的平均值，其值在 0～1；f_1 为关注地域的全年植被净初级生产力的权重系数；f_2 为关注地域的全年平均植被覆盖度的权重系数。

若所述关注地域为县级及其以上的范围，植被净初级生产力的权重系数 f_1 为 0.5，相应地,覆盖度的权重系数 f_2 为 0.5。若所述关注地域为县级以下植被的覆盖度在地表生态环境中 60% 及以上作用的地区,则植被净初级生产力的权重系数 f_1 为 0.4,相应地,覆盖度的权重系数 f_2 为 0.6。

基于生态质量指数,构建植被生态质量等级。

$$Q_{islope} = \frac{Q_{in} - \overline{Q_i}}{\overline{Q_i}} \times 100\% \tag{5.14}$$

式中: Q_{islope} 为植被生态质量等级,一般将其分为 5 级:< −10%(生态质量很差)、−10% ~ −3%(生态质量较差)、−3% ~ 3%(生态质量正常)、3% ~ 10%(生态质量较好)、> 10%(生态质量很好); Q_{in} 为某关注区评价期内的生态质量指数; $\overline{Q_i}$ 为关注区评价期内的生态质量指数均值。

5.2.3 重庆市植被生态质量评价

5.2.3.1 植被生产力及固碳释氧能力提升

2020 年重庆市 NPP 均值为 936.3 g(C)/m²。全市陆地生态系统 NPP 整体呈从东向西、从北向南递减的趋势,大巴山南麓、九重山、雪宝山分布着众多的常绿落叶阔叶混交林,NPP 在 1100 g(C)/m² 以上;巫山、铁峰山、方斗山、七曜山、武陵山、四面山、黑山等山区 NPP 在 1000 ~ 1100 g(C)/m²;西部地区以及沿江河谷等农田为主的地区,NPP 不足 800 g(C)/m²(图 5.5,图 5.6)。

2020 年重庆市固碳(图 5.7)、释氧(图 5.8)均值分别为 1525.9 g(C)/m² 和 1123.4 g(C)/m²。固碳、释氧量直接受 NPP 影响,因此其空间分布趋势与植被净初级生产力相同,大巴山南麓、九重山、雪宝山等山区植被固碳、释氧分别在 1800 g(C)/m²、1250 g(C)/m² 以上;巫山、铁峰山、方斗山、七曜山、武陵山、四面山、黑山等山区植被固碳、释氧分别在 1400 ~ 1800 g(C)/m²、1000 ~ 1250 g(C)/m²;西部地区、城区及沿江河谷植被固碳、释氧较低,分别在 1000 g(C)/m² 及 850 g(C)/m² 以下。

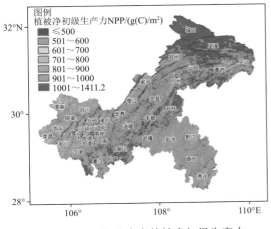

图 5.5 2020 年重庆市植被净初级生产力

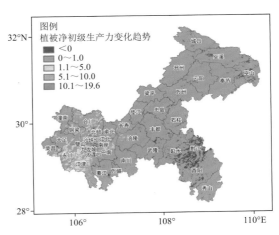

图 5.6 2000—2020 年重庆市植被净初级生产力变化趋势率

2000 年以来 NPP 及植被固碳、释氧量呈增加趋势,NPP 从 2000 年的 779.2 g(C)/m² 增加到 2020 年的 936.3 g(C)/m²,固碳量从 2000 年的 1270.1 g(C)/m² 增加到 2020 年的

1526.2 g(C)/m²、释氧量从 2000 年的 935.0 g(C)/m² 增加到 2020 年的 1123.6 g(C)/m²，96％的地区 NPP、固碳释氧量稳中有升(图 5.9)。

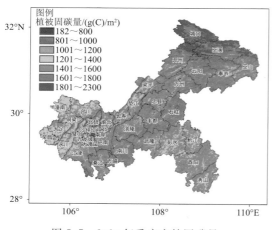

图 5.7　2020 年重庆市植固碳量

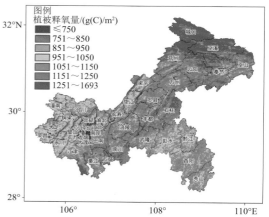

图 5.8　2020 年重庆市植被释氧量

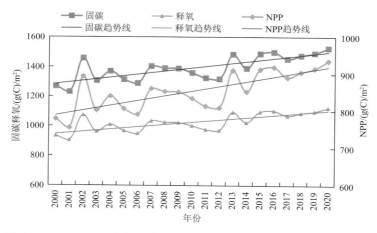

图 5.9　2000—2020 年植被净初级生产力 NPP、固碳及释氧量变化趋势

5.2.3.2　植被生态质量正常偏好

2020 年重庆市平均植被生态质量指数为 67.5,其中,大巴山南麓、九重山、雪宝山及七耀山、武陵山部分地区植被生态质量指数在 75.0 以上;渝中区及其周边区域、各区(县)城镇区域、长江河道沿线、大型水库等区域植被生态质量指数多在 50.0 以下;其余区域植被生态质量指数在 50.0～75.0(图 5.10)。

2020 年,重庆市有 97.7％的地区植被生态质量等级正常偏好,反映了生态恢复综合治理有成效。其中,东北部、中部、西部等大部分地区的植被生态质量等级为好到很好,占总面积的90.0％;各区县城镇区域、其他新开发区域植被生态质量相对较差,面积占比 2.3％(图 5.11)。

5.2.4　小结

本小结利用 CASA 模型估算得到 2020 年重庆市 NPP 均值为 936.3 g(C)/m²。全市陆地

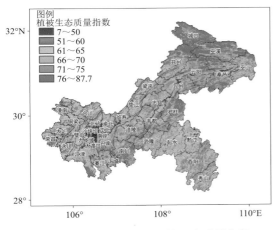

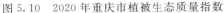

图 5.10　2020 年重庆市植被生态质量指数

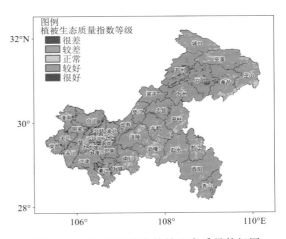

图 5.11　2020 年重庆市植被生态质量等级图

生态系统 NPP 整体呈从东向西、从北向南递减的趋势。2020 年重庆市固碳、释氧均值分别为 1525.9 g(C)/m² 和 1123.4 g(C)/m²。2000 年以来 NPP、固碳及释氧的变化趋势率相同,都是 6.3 g(C)/(m²·a),96% 的地区呈稳中有升,植被固碳释氧能力提升。采用权重加权法计算当地或关注区域任意时段植被综合生态质量指数。2020 年重庆市平均植被生态质量指数为 67.5,全市有 97.7% 的地区植被生态质量等级正常偏好,反映了生态恢复综合治理有成效。

5.3　水源涵养生态功能评价

水是生命之源。人类居住的地球表面,约 70% 被海洋覆盖,其中,淡水资源仅占全球水资源总量的 2.5% 左右,人类能够直接利用和生产的水量非常少。水源涵养是生态系统(如森林、灌丛、草地等)通过其特有的结构与水相互作用,对降水进行截留、渗透、蓄积,并通过蒸散实现对水流、水循环的调控(邓坤枚 等,2002),主要表现在缓和地表径流、补充地下水、减缓河流流量的季节波动、滞洪补枯、保证水质等方面。水源涵养是陆地生态系统重要生态服务功能之一,包含着大气、水分、植被和土壤等自然过程,其变化将直接影响区域气候水文、植被和土壤状况,是区域生态系统状况的重要指示器(龚诗涵 等,2017)。

生态系统水源涵养功能评估研究已成为国内外众多学者的研究重点,目前,针对水源涵养功能评估的研究多集中生态学上,主要包括综合蓄水能力法、水量平衡法、模型法、林冠截流量法等。综合蓄水能力法是从蓄水能力角度研究植被冠层、枯落物层与土壤层的蓄水能力(石培礼 等,2004);水量平衡法从水量平衡的角度考虑生态系统水分的流入和流出,进而估算生态系统水源涵养量(尹云鹤 等,2016)。模型法为使用模型计算流域的产水量、对降水的截留量或者水源涵养量,并以此作为生态系统水源涵养功能的评估指标(吕乐婷等,2020)。林冠截留量法是采用森林冠层对降水的截留量来衡量生态系统的水源涵养能力(李莉 等,2015)。

目前鲜见利用遥感技术对水源涵养功能进行评估,而遥感技术等作为对地观测的一个重要工具,在时间和空间上都具有很大的优势。遥感数据的可重复获取是其相对于传统地面观测手段的优势之一,利用多时相卫星遥感数据进行分析,是遥感数据的一个重要应用领域。徐涵秋等(2013a)基于遥感信息技术提出一个新型的遥感生态指数(RSEI),以快速监测与评价区域生态质量。该指数耦合了植被指数、湿度分量、地表温度和土壤指数 4 个评价指标,分别代表了绿度、湿度、热度和干度 4 个生态要素。该研究提出用主成分变换来集成各个指标,各指标对 RSEI 的影响是根据其数据本身的性质来决定,而不是由人为的加权来决定。徐涵秋将这个指数应用到福建长汀水土流失区,定量评价水土流失区生态修复的效果,综合反应、定量刻画了生态质量及其变化(徐涵秋,2013b)。施婷婷等(2019)应用遥感生态指数,研究了贵安开发区建设项目引发的建筑用地变化及其对区域生态质量的影响。这些研究对于我们进行水源涵养能力评估有参考意义。

本节通过多源卫星遥感数据,用主成分分析法构建水源涵养遥感监测综合评估模型,探索三峡库区以及重庆市水源涵养功能时空演变特征,为生态环境保护部门生态环境监管工作提供第三方评价参考,为构建社会—自然协同发展提供科学依据。

5.3.1 水源涵养综合指标模型

主成分分析法是把原来多个变量划为少数几个综合指标的一种统计分析方法,从数学角度看,是一种数据降维处理方法(徐建华,2006)。主成分分析法的主要思想是将 n 维数据特征映射到 k 维上,当 n 较大时,如果对 n 维数据分析,是较为困难的,因此需要用较少的 k 维综合指标代替原有的 n 维数据,这 k 个指标既能尽量多地反应原来较多变量指标所反映的信息,同时又是相互独立的。这 k 维是全新的正交特征也被称为主成分,是在原有 n 维特征的基础上重新构造出来的 k 维特征。具体分析步骤如下。

①假设有 m 个研究区域,n 个选择指标的原始样本 $x_1,x_2,\cdots x_n$,如下:

$$\boldsymbol{X} = \begin{pmatrix} x_{11} & x_{12} & \cdots & x_{1n} \\ x_{21} & x_{22} & \cdots & x_{2n} \\ \vdots & \vdots & & \vdots \\ x_{m1} & x_{m2} & \cdots & x_{mn} \end{pmatrix} \tag{5.15}$$

②首先将样本矩阵 $\boldsymbol{X}$ 进行标准化处理,计算其协方差矩阵 $\boldsymbol{R}$,并通过雅克比法计算出其特征值 λ_i($i=1,2,\cdots,n$),使其按照大小顺序排列,求出对应的特征向量 $\boldsymbol{e}_{ij}$($i=1,2,\cdots,n;j=1,2,\cdots,n$),由此得到主成分 T_n 如下:

$$\begin{cases} \boldsymbol{T}_1 = \boldsymbol{e}_{11} \times x_1 + \boldsymbol{e}_{21} \times x_2 + \cdots + \boldsymbol{e}_{n1} \times x_n \\ \boldsymbol{T}_2 = \boldsymbol{e}_{12} \times x_1 + \boldsymbol{e}_{22} \times x_2 + \cdots + \boldsymbol{e}_{n2} \times x_n \\ \qquad\qquad\qquad\qquad \vdots \\ \boldsymbol{T}_n = \boldsymbol{e}_{1n} \times x_1 + \boldsymbol{e}_{2n} \times x_2 + \cdots + \boldsymbol{e}_{nn} \times x_n \end{cases} \tag{5.16}$$

③取前 k 个主成分 $T_1,T_2,\cdots,T_k$,那么这 k 个主成分就可以用来反映原来 n 个指标的信息。

采用主成分变换来进行指标集成,其最大优点就是集成各指标的权重不是人为确定,而是根据数据本身的性质、根据各个指标对各主分量的贡献度来自动客观地确定,从而在计算时可以避免因人而异、因方法而异的权重设定造成的结果偏差。

本研究通过多源卫星遥感数据,依据《生态环境状况评价技术规范》(HJ 192—2015)《生态保护红线划定指南》(环办生态(2017)48 号)以及相关文献等,根据水源涵养的物理含义,使用叶面积指数、植被覆盖度、蒸散代表植被层的水源涵养能力,使用地表温度、土壤含水量、坡度代表土壤层的水源涵养能力,通过主成分分析法构建水源涵养遥感监测评估模型,探索三峡库区水源涵养功能时空分布特征。

为了获得足够的样本数据,模型构建以 2019 年整个重庆市生态因子数据为基础,将各因子进行拼接、转投影、裁剪、归一化处理、无效值剔除等预处理手段,得到主成分系数矩阵表(表 5.4)。

表 5.4　2019 年各主成分系数矩阵

要素	第一主成分	第二主成分	第三主成分	第四主成分	第五主成分	第六主成分
叶面积指数	0.64	0.59	−0.31	−0.22	−0.31	0.07
植被覆盖度	0.37	0.17	0.19	0.35	0.74	0.36
蒸散	0.16	−0.06	−0.15	0.88	−0.33	−0.25
土壤含水量	−0.52	0.78	0.26	0.16	0.00	−0.13
地表温度	−0.27	−0.01	−0.16	0.15	−0.32	0.88
坡度	0.29	−0.08	0.87	−0.02	−0.38	0.10

第一主成分中表征植被状态信息的叶面积指数、植被覆盖度、蒸散系数都为正值,说明它们共同对水源涵养能力起正面的贡献,植被越好的地方水源涵养能力越高,能力高的水源涵养主要集中在蒸散发量较大,植被覆盖率高的地区;而代表环境热度的地表温度呈负值,说明它对水源涵养能力起负面的影响;代表环境干度的土壤湿度呈负值,这是由于重庆区域特殊的地形条件,高山地区由于坡度较高且植被较好,植被林冠截留了部分降水,土壤含水量较低,而平坝丘陵地区由于地形及农田灌溉等人为因素的影响,土壤含水量反而较高,因此土壤含水量在模型中为负值。由于重庆区域山地较多,坡度越高的地方受人为影响越小,植被状况相对较好,有利于涵养水源,因此其系数为正值,这与实际情况以及已有研究相符。

采用 2013—2019 年的重庆市最大叶面积指数、植被覆盖度、蒸散、土壤含水量、地表温度、坡度进行主成分分析,其第一主成分系数如表 5.5 所示:在不同的年份,各指标因子在第一主成分中的权重接近且稳定,并能合理地对水源涵养生态能力进行解释。取其多年平均值可以对区域水源涵养生态功能进行评价并分析其变化趋势,该权重能够最大限度地集合各指标的信息并不受人为因素的影响,使每个因子能合理、客观地对生态现象进行解释。

表 5.5　2013—2019 年第一主成分系数

第一主成分	2013 年	2014 年	2015 年	2016 年	2017 年	2018 年	2019 年	平均值
叶面积指数	0.60	0.69	0.66	0.71	0.67	0.73	0.64	0.67
植被覆盖度	0.41	0.36	0.40	0.39	0.40	0.40	0.37	0.39
蒸散	0.17	0.14	0.10	0.12	0.03	0.10	0.16	0.12
土壤含水量	−0.49	−0.44	−0.38	−0.39	−0.44	−0.25	−0.52	−0.42
地表温度	−0.33	−0.32	−0.38	−0.29	−0.31	−0.38	−0.27	−0.32
坡度	0.29	0.32	0.34	0.31	0.32	0.31	0.29	0.31

故而水源涵养综合指标模型为:

$$WCI = 0.67 \times LAI + 0.39 \times VC + 0.12 \times ET - 0.42 \times SMC - 0.32 \times LST + 0.31 \times SLOPE \tag{5.17}$$

式中:LAI 为叶面积指数;VC 为植被覆盖度;ET 为蒸散;SMC 为土壤含水量;LST 为地表温度;SLOPE 为坡度。

5.3.2　水源涵养空间分布

基于 MODIS、AMSR2 等多源卫星遥感数据,计算水源涵养生态功能指数,结果表明,2020 年重庆市年平均水源涵养生态功能指数为 0.62。重庆市地形复杂、物种丰富、群落多样,水源涵养能力分布不均,呈现出东北部、东南部水源涵养能力强,西部低,中心城区最低的空间分布格局(图 5.12)。渝西地区以丘陵平坝地貌为主,农田居多,人类活动强烈,自然植被保持面积少,水源涵养功能较低。主城地区以城镇和建设用地居多,水源涵养能力较弱。渝东北的巫山、巫溪、奉节以及重庆中部的武隆、丰都、石柱等地区土地覆盖以森林生态系统为主,水源涵养功能最强。

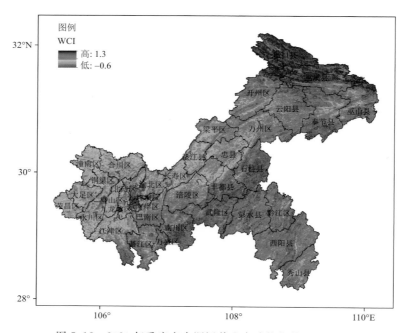

图 5.12　2020 年重庆市水源涵养生态功能指数空间分布

根据 MODIS 土地利用分类数据,分析不同土地利用类型上水源涵养生态功能服务能力,结果表明:按生态系统类型分,水源涵养生态功能指数森林＞草地＞作物＞城市和建成区＞裸地。在森林生态系统中,落叶阔叶林＞针阔混交林＞常绿针叶林＞常绿阔叶林;草地生态系统中,多树草原＞稀树草原＞草地;作物中,作物和自然植被的镶嵌体＞作物,表现出水源涵养能力高植被覆盖区大于低植被覆盖区的特点。

5.3.3　水源涵养重要性分布

采用自然断点法对 WCI 进行等级划分,将三峡库区水源涵养生态功能分为一般重要、重要、极重要三个类别,如图 5.13 所示。自然断点分级法是一种基于数据本身分布特点进行分组的方法,可以使每个分类类间差异最大,类内差异最小。WCI 大于 0.6 为水源涵养生态功能极重要区,主要分布在三峡库区下游秦巴山区以及渝东南武陵山区部分区域,这和《全国生态功能区划(修编版)》中水源涵养极重要区的分布一致,主要包括渝东北的巫山、巫溪、奉节以及石柱、武隆、丰都的南部等地区。这些地区森林生态系统为主,而森林是涵养水源的主体,因此是水源涵养生态功能的极重要区。WCI 在 0.2～0.6 为水源涵养生态功能重要区,主要分布在万州、开州、云阳、巴南的南部等区(县)。这些区(县)以自然植被和作物混合体为主,并含有部分稀树草原,是水源涵养的重要区。WCI 小于 0.2 为水源涵养生态功能一般重要区,主要分布在重庆主城地区、长寿、江津等区(县),这些地区人类活动强烈,自然植被保持面积少,是水源涵养功能的一般重要区。

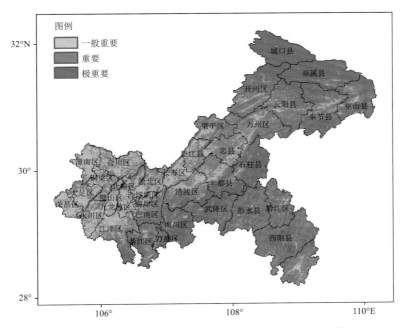

图 5.13　2020 年重庆市水源涵养生态功能重要性分布

5.3.4　水源涵养变化趋势

采用一元线性回归分析的方法计算 2013—2020 年三峡库区 WCI 的变化斜率,并利用自然断点法对变化趋势率进行了等级划分,从图 5.14 中可以看到,近 8 年来,三峡库区大部分区域 WCI 处于略微增加趋势,其中,以丰都、开州、云阳的部分区域增加得较为明显,渝北、北碚、巴南的局部地区 WCI 略微降低,江津区 WCI 变化趋势较为明显。

5.3.5　小结

本节基于水源涵养的物理含义,对利用遥感技术评估生态系统水源涵养功能展开研究,通过主成分分析法构建水源涵养生态功能综合指标模型,分析三峡库区水源涵养能力空间分布特征及变化趋势。结果表明,WCI 根据各指标对第一主成分的贡献来集成,客观地耦合了各个指标信息,合理地代表了评估区域的水源涵养生态能力。2020 年重庆市水源涵养能力分布不均,呈现出东北部、东南部水源涵养能力强,西部低,中心城区最低的空间分布格局。渝东北、渝东南以森林生态系统为主,水源涵养功能最强。渝西南地区由于人类活动较为剧烈,水源涵养功能较弱。主城地区以城镇和建设用地居多,水源涵养能力最弱。在不同的生态系统

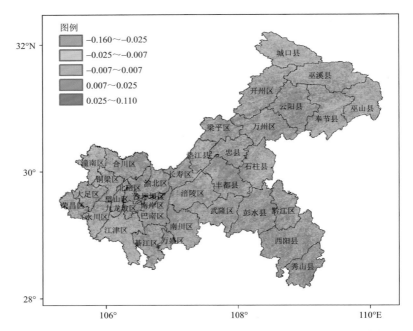

图 5.14　2013—2020 年三峡库区（重庆段）年平均 WCI 变化趋势分布

类型中,水源涵养生态功能指数森林>草地>作物>城市和建成区>裸地,符合生态系统水源涵养能力的一般规律,表现出水源涵养能力高植被覆盖区大于低植被覆盖区的特点。

近 8 年,三峡库区大部分区域 WCI 处于略微增加趋势,其中,以丰都、开州、云阳的部分区域增加得较为明显,渝北、北碚、巴南的局部地区 WCI 略微降低,江津区 WCI 变化趋势较为明显。

5.4　典型陆表生态监测示范

5.4.1　广阳岛概述

广阳岛位于长江中游,属于重庆市南岸区,是长江第二大岛屿,第一大江内岛。广阳岛幅员面积约为 8.4 km²,岛长 5.5 km,最宽处 2.3 km。岛上地势西高东低,西部多为丘陵,北部靠长江主干道一侧地形起伏较大,南部靠内河一侧地形较为平坦,并隔内河与峡口镇、迎龙镇、广阳镇相望。广阳岛海拔高度为 250 m 左右,最高峰龙头峰海拔为 276 m。广阳岛由长江环抱,内河长约 7 km,平均水面宽度为 600 m,水流缓慢,无暗礁。岛上阳光充足,年均日照 1233 h,年平均温度 18.3 ℃,无霜期为 342 d,四季分明,空气质量好。

5.4.2　基于 NDVI 指数广阳岛生态植被监测

5.4.2.1　NDVI 指数

为监测广阳岛生态植被长势情况,本节采用归一化差分植被指数（NDVI）来表征时序上广阳岛生态质量变化监测。NDVI 计算公式如下:

$$NDVI = \frac{NIR - R}{NIR + R} \tag{5.18}$$

式中:NIR 和 R 分别表示为近红外波段和红光波段地表反射率。

5.4.2.2　2020 年广阳岛生态植被变化监测

近年来,广阳岛系统开展山水林田湖草修复治理,努力在实施山水林田湖草生态保护修复工作中作出示范。为监测广阳岛生态修复成效,针对广阳岛 2020 年春夏秋 3 个季节分别选取无云卫星资料制作了真彩影像,并对植被生长形势进行了监测(图 5.15)。从 3 个时间的真彩对比图可以看到,4 月 28 日水位较低,广阳岛碛石及消落带湿地区域浮出水面。8 月 26 日由于洪水过境,泥沙含量增多、河水呈黄色,广阳岛部分区域被洪水淹没,11 月 14 日部分消落带重新浮出,水体变蓝。结合植被指数监测图可发现随时间推移广阳岛对部分地块开展修复工

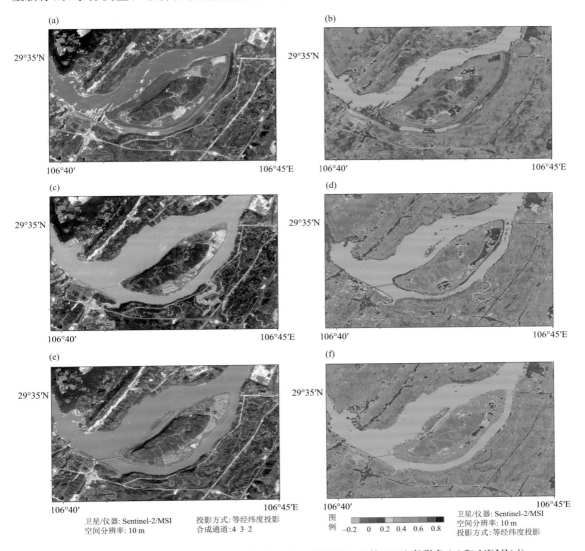

图 5.15　2020 年广阳岛 4 月 28 日真彩色(a)和 NDVI(b)、8 月 26 日真彩色(c)和 NDVI(d)、
11 月 14 日真彩色(e)和 NDVI(f)卫星监测图

程治理,地块从裸露到重新恢复绿植的过程。

5.4.3 小结

本节采用归一化差分植被指数监测 2020 年广阳岛生态植被变化情况。监测结果显示,4 月 28 日水位较低,广阳岛碛石及消落带湿地区域浮出水面。8 月 26 日由于洪水过境,泥沙含量增多、河水呈黄色,广阳岛部分区域被洪水淹没,11 月 14 日部分消落带重新浮出,水体变蓝。结合植被指数监测图可发现随时间推移广阳岛对部分地块开展修复工程治理,地块从裸露到重新恢复绿植的过程。

第6章
超大城市生态气象

6.1 城市局地气候效应

6.1.1 重庆主城都市区概况

2020 年 5 月 9 日,重庆市主城区由原 9 区扩容到 21 区,扩容后的主城区被称为主城都市区,原主城区被称为中心城区。主城都市区主要集中在重庆市西部,海拔介于 131～2184 m(图 6.1a),平均海拔为 478 m。不同于平原大城市,重庆市主城区地表覆盖类型主要以混交林、城市和建筑区、草地以及作物和自然植被镶嵌类等地物为主(图 6.1b),其面积占比分别为 7.8％、4.6％、35.6％和 48.8％。

随着重庆市社会经济的高速发展、工业化水平的提高和城市化进程的加剧,城市人口急剧增长,城市建筑物越来越密集,以及机动交通工具的成倍增长,这些变化显著地改变着整个城市的生态环境。重庆山地城市作为一类特殊的下垫面,对城市地区的气候产生深刻的影响,形成城市高温、城市热岛效应等与区域气候有明显差别的山地城市气候,城市局地小气候效应明显。

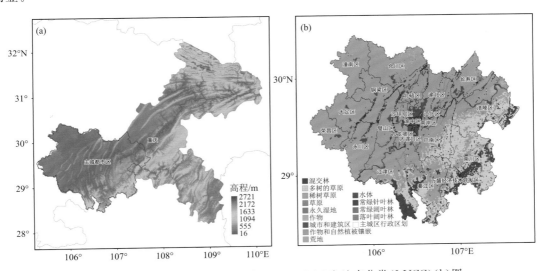

图 6.1 重庆市主城都市区数字高程(DEM)(a)和地表分类(LUCC)(b)图

6.1.2 重庆城市局地气候效应的基本特征和成因

重庆市中心城区除具有区域气候的基本特征外,还具有夏季城市高温更突出、城市局地热岛较明显、局地雾日减少等城市局地气候效应,其成因主要有以下几个方面。

(1)地理大环境和区域气候背景

重庆地区位于北半球副热带内陆地区,地处四川盆地东部,西连四川盆地和青藏高原,南接云贵高原,东面、北面分别有巫山、大巴山和秦岭,地势由西向东逐步升高,由南北向长江河谷倾斜,地形起伏较大。该地区地处长江上游,与中游相邻,是长江上游与中下游的过渡地带,处于长江、嘉陵江和乌江河谷,地形闭塞,气流不畅,热量不易与外界交换,特别是在夏季风盛行时,低层偏南气流沿山地下滑到河谷地带,容易出现下沉增温。特殊的地理位置,使其既受东亚季风和印度季风的影响,又受青藏高原环流系统等多重气候系统的影响(程炳岩 等,2011;周长艳 等,2011),天气气候异常复杂,气候灾害频繁。夏季不同程度地受到西太平洋副热带高压和青藏高压的影响,当副热带高压偏强、偏西偏北时,重庆地区位于副热带高压的控制之中,容易出现高温伏旱,形成了夏长酷热多伏旱的气候特点(唐云辉 等,2003;郭渠 等,2009),是我国高温伏旱的主要发生区域之一。

(2)复杂的局地地形地貌

重庆市中心城区地处川东平行岭谷,主要位于中梁山和铜锣山之间,四面环山,地形封闭,空气流动受阻,全年平均风速为 $0.9 \sim 2.0$ m/s,热量难以扩散。长江和嘉陵江流过城区在朝天门汇合,河流水体的高热容性、流动性以及河谷风的存在,对临江局部城区的城市高温有一定程度的减弱作用。总的来说,地理环境对重庆市中心城区通风、散热的能力有明显的影响作用,不利于城市热量交换,一定程度上加重了城市高温热害。因此,重庆市中心城区也成为我国长江流域著名的"三大火炉城市"之一,夏季城市高温灾害异常严重。

(3)城市下垫面状况的变化

随着重庆社会经济的高速发展,工业化水平的提高和城市化进程的加剧,大量的农田、森林和水体被侵占,开发成为城市建设用地。城市规模迅速膨胀,建筑物越来越密集,人口急剧增加。2001 年重庆市主城都市区城市面积为 718 km²,占区域总面积的 2.5%;2008 年城区面积扩大为 1046 km²,面积占比为 3.6%,扩大区域主要集中在中心城区的西部以及各区(县)驻地附近;到 2013 年,主城都市区城区面积进一步扩大为 1139 km²,面积占比提高为 4.0%;2020 年主城都市区城区面积为 1386 km²,占区域面积的 4.8%。从 2001 年到 2020 年重庆市主城都市区城区面积扩大了 668 km²,城区面积增速为 33.4 km²/a(图 6.2)。城市下垫面性质明显改变,城市散热能力极大降低,机动交通工具的成倍增长,这些变化都显著地影响着整个城市的热环境状况。

(4)大气污染

大气气溶胶粒子的吸收和辐射作用可以改变大气的热状态,从而引起边界层气象要素的变化。涂晓萍等(1994)、李子华等(1996)用一维非定常模式模拟研究了大气气溶胶粒子对重庆城市夜间边界层大气温度场的影响,结果表明,气溶胶粒子特别是湿气溶胶粒子对近地层大气起增温作用,对 150 m 以上大气起降温作用。大气中颗粒物特别是细粒子质量浓度的增加会增强大气对光的吸收和散射作用,减弱目标物体的光信号,是城市大气能见度降低的主要原因,通过城市能见度的变化可以了解城市大气污染状况的变化。相关研究(李子华,1992;洪

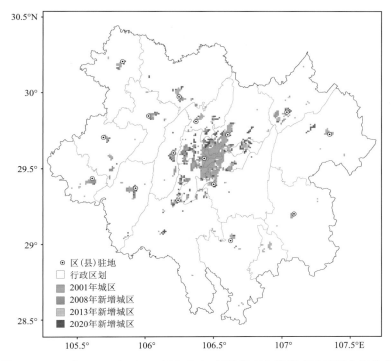

图 6.2　2001 年、2008 年、2013 年和 2020 年重庆市主城都市区城区空间分布

全,2003;叶堤 等,2006;周志恩 等,2009)及能见度观测资料表明,重庆市城市能见度的变化大致分为三个阶段,即 20 世纪 50 年代中期至 60 年代末期的快速下降阶段、70 年代初期至 90 年代初期的缓慢下降阶段、90 年代中期以来的明显上升阶段。近十几年特别是近 4 年来重庆市城市能见度已有一定好转,大气颗粒物污染已有所改善。大气污染状况的变化直接影响到下垫面和近地层大气的辐射收支状况,是重庆城市高温变化的影响因素之一。

6.1.3　城市局地气候小气候的改善

在充分了解重庆市城市局地小气候特征的同时,必须着手解决城市高温、热岛等灾害对城市生活、生产的影响和危害。结合重庆市中心城区的具体情况,应从以下几个方面着手(何泽能 等,2013,2017)。

(1)加强海绵城市建设,保护和增加城市绿地和水域面积

海绵城市是指城市能够像海绵一样,在适应环境变化和应对自然灾害等方面具有良好的"弹性",下雨时吸水、蓄水、渗水、净水,需要时将蓄存的水"释放"并加以利用。海绵城市最大限度增加城市的林地、草地、池塘等涵养水源的地方。绿地下垫面的升温速率低,白天的温度低于人工下垫面,具有减弱热岛效应的作用。城市中的水体、湿地具有明显的"冷岛效应",水域及其附近的温度一般都较低,对减弱热岛效应的作用非常明显。

受城市发展的影响,重庆市主城区内绿地、湿地与水体所占比例越来越小,其调节城市气候和热量收支平衡的生态功能受到很大的削弱。因此,大力保护城市现有绿地、水域面积,并在城市建设中新构建人工湿地,适当增加城市水域面积,可以有效减弱城市热岛效应,改善城市热环境状况。

（2）加强城市规划促进自然通风，保护利用河谷风和山谷风

城市布局的形态和走向将会对城市气温产生重要影响。长江与嘉陵江贯通重庆市主城区，滨江水岸长，河谷风作用明显。河谷风的存在，对临江局部城区具有明显的通风降温作用，因此在滨江水岸应当尽量少规划和建设成片的高大建筑群，以避免其阻挡河谷风向城区的流动，最大限度地利用河谷风减弱城市热岛效应。

重庆地处川东平行岭谷，四面环山，虽然山脉对外来空气的流动存在一定的阻挡作用，但同时也会产生山谷风效应等有利条件。因此，可以扬长避短，充分利用山谷风的通风作用。在山谷风的主要气流带上，应当尽量少规划少建设成片的高大建筑群，建筑物的走向也要利于山谷风的流动，使城区存在畅通的空气流通通道；在城区扩建、改建时适当拓宽山谷风走向的街道，以加强城区通风，减弱城市热岛效应。

（3）重视城市绿化，增加城市绿地面积

开展道路绿化、广场绿化、护坡绿化、屋顶绿化、墙面绿化等全方位的绿化工程，最大限度地增加自然下垫面的比例。人工构筑物的增加、自然下垫面的减少是产生城市热岛效应的主要原因，因此在城市中通过各种途径增加自然下垫面的比例是缓解城市热岛效应的最有效途径之一。绿色植物对太阳光的吸收和蒸腾散热作用可以明显降低周围的气温，其降温效果与植被覆盖区域大小、植被密度、植被种类和长势有关，因此做好绿化工程的科学分析、规划设计和施工建设，可以最大限度地缓解城市热岛效应，降低房屋能耗，减弱城市高温天气的影响。

（4）控制人口密度及大气污染，减少人为热释放

城市人口的高密度区域，往往也是建筑物高密度区域和能量高消耗区域，容易形成气温的高温区。因此，在规划城市发展的同时，要注重控制城市人口密度和建筑物密度；实施工业布局由主城区向城市郊区及卫星城镇转移的战略，减轻主城区的环境压力；鼓励和发展绿色环保交通工具；加强建筑节能技术的研发和应用；减少城市人为热释放和大气污染物的排放，进一步降低大气气溶胶等污染物浓度。通过上述多种措施，控制人口密度，减少人为热的集中释放，可以有效减轻城市热岛效应。

（5）开展雨雾喷淋降温，调节城市小气候

合理的喷淋设施建设，具有明显的降温功能、浇灌功能、景观功能和改善空气质量的功能。雨雾喷淋降温可以有多种形式。其一是在广场、步行街等人口密集区域进行喷雾降温，既能造景美化环境，又能显著降低活动区域的气温。其二是在重点路段进行道路喷淋洒水，既能对道路清洁除尘，又能降低环境温度。其三是在绿地等环境进行喷淋浇灌，既实现了对绿化植物的浇灌，又降低了环境温度。根据重庆市夏季极易出现严重高温天气的气候特点，开展雨雾喷淋降温研究，并在城市典型高温活动场所进行示范建设，对于减轻高温天气的影响、改善人居环境、雾幕美化环境、自动浇灌减轻劳动强度等都具有重要的现实意义。

6.1.4 小结

本节在充分了解重庆市城市局地小气候特征的同时，提出了解决城市高温、热岛等灾害对城市生活、生产的影响和危害的措施。

6.2 城市热环境监测评估

6.2.1 城市热环境监测的意义

城市热环境是气象与环境工作者在研究城市热岛基础上发展起来的概念,指与热有关的、影响人类生存和发展的各种外部因素组成的一个物理环境系统。城市空间热环境和城市热岛两者既有区别,又有联系。城市热岛效应是指快速城市化和工业化过程中导致城市大气温度和地表温度高于周边郊区或乡村等非城市环境的一种温度差异性现象。而城市空间热环境则是近年来气象和环境研究领域的专家学者在城市热岛概念的基础上进行扩展延伸后提出的概念。二者的共同点在于表征因子均为地表温度和大气温度,区别在于前者更加强调城市市区与郊区之间温度的差异性,而后者的衡量指标则是与温度的高低程度、建筑容积率、建筑密度、水体和绿地分布等多种因素相关。

城市空间热环境是指能够影响人体对冷暖的感受程度、健康水平和人类生存发展等与热有关的物理环境。具体而言,是以城市下垫面的地表温度和空气温度为核心,以受人类活动影响而改变后的传输大气状况(如空气湿度、风速、大气浑浊度等)、下垫面状况(如土地利用覆盖类型、热容、发射率、反照率等)和太阳辐射为组成部分的一个可以影响人类及其活动的物理环境系统。城市空间热环境的演变过程与人类社会、经济活动有着密切的关系。城市化进程加快,沥青、金属、水泥等不透水表面大量替代原有自然地表以及人口数量激增均造成了城市整体热排放水平的日益增加。因而,城市热环境状况的良好与否是当前衡量城市生态环境状况的重要指标之一,不仅直接关系到城市人居环境质量和居民健康状况,还对城市能源和水资源消耗、生态系统过程演变、生物物候以及城市可持续发展有着深远的影响。

目前,城市空间热环境的日益恶化已成为全球现代化城市气候变化最为显著的特征之一,并对城市空气质量改善、霾治理和植物健康生长带来了极大的负面影响。如何准确监测城市区域的热环境变化,使其能够可持续发展是各国政府、企事业单位、国际组织和大学研究机构目前研究的一个热点问题。

6.2.2 重庆城市高温特征

改革开放前,沙坪坝气象站周边区域城市化程度非常低;开放后,沙坪坝气象站周边区域建筑物逐渐增多,城市化现象日趋明显;直辖以后,沙坪坝气象站周边区域发展非常迅速,建筑物成片出现,气象站已明显被城市所围。因此,沙坪坝气象站所观测的气温,完整反映了城市化进程的影响,可以用于研究重庆城市气温变化。

选取 1951—2011 年重庆市主城区沙坪坝气象站的日平均气温、日最高气温和日最低气温资料进行分析研究(何泽能 等,2013)。根据重庆市气候的特点,以 12 月—次年 2 月、3—5 月、6—8 月、9—11 月分别表示冬、春、夏、秋四季。日最高气温达到或超过 35 ℃称为高温日。其中,35 ℃≤日最高气温<37 ℃称为一般高温日,37 ℃≤日最高气温<40 ℃称为重高温日,日最高气温≥40 ℃称为严重高温日。对气温及高温日数的变化,主要运用一元回归、5 年滑动平均、M-K 突变检测、莫雷特(morlet)小波分析等方法进行分析,并进行一元线性回归的相关系数检验($\alpha=0.05$)。

(1)夏季气温变化特征

由于气温的变化趋势可能存在季节差异、且夏季气温的变化情况与城市高温间的联系最为紧密,因此对夏季的平均气温进行线性回归分析和5年滑动平均分析(图6.3)。

从重庆市主城区夏季平均气温距平序列的年际变化(图6.3)可以看出,夏季平均气温的冷暖期分布主要表现为三个阶段:20世纪50年代后期—70年代前期以及21世纪00年代后期的相对偏暖期、20世纪70年代后期—21世纪00年代中期的相对偏冷期。和全年平均气温的变化相比,夏季平均气温在近年来的增暖趋势还不够明显,具有一定的滞后性。

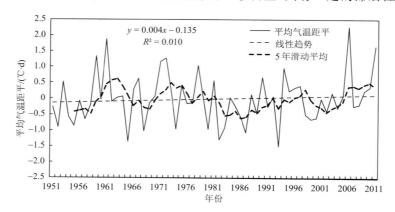

图6.3 1951—2011年重庆市主城区夏季平均气温距平序列的年际变化

(2)高温日数变化特征

以上分析表明,重庆市主城区夏季平均气温近年的增暖趋势虽然还不够明显,但是在2006年和2011年都发生了非常严重的高温灾害,因此有必要对高温日数的变化特征做进一步的分析探讨,以便为重庆城市高温的应对及人居环境的改善提供参考。

1951—2011年的61年间,重庆市主城区一共出现了2003 d高温日(图6.4),平均32.8 d/a,共有32年的高温日数超过了平均值。其中,出现高温日数最多的是2011年(67 d),其次是1961年和1971年,均出现了59 d。高温日数最少的是1965年、1974年和1983年,仅为13 d。线性回归分析结果表明,重庆市主城区高温日数的总变化趋势还不明显。

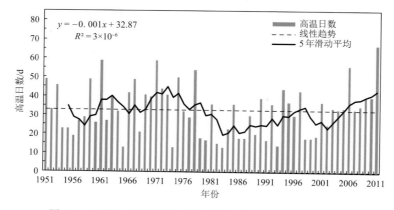

图6.4 1951—2011年重庆市主城区高温日数的年际变化

高温日数在 20 世纪 60 年代初期—70 年后期是一个高值区；此后明显减少，进入了一个长达 25 年左右的低值区；至 21 世纪 00 年代初期，高温日数逐渐增加，近几年已渐入高值区域。总的来说，重庆市主城区高温日数经历了低—高—低—高的变化过程，近年的变化趋势逐步与全球变暖趋势步调一致。

总高温日数的小波分析结果还表明，重庆市城市总高温日数变化存在明显的 2~4 a 及 8~14 a 振荡周期。周期在 2~4 a 左右的振荡显著地出现于 20 世纪 60 年代前中期和 70 年代中期—80 年代初期。周期在 8~14 a 的振荡显著地出现于 20 世纪 50 年代初期—60 年代中期和 21 世纪 00 年代后期。

（3）高温时间分布特征

高温日的时间分布状况是城市高温的重要气候特征。图 6.5a 为重庆市主城区高温值的分布状况。从图 6.5a 可以看出，高温发生时日最高气温在 35~36 ℃的最多，占总数的一半以上（59.1%）；日最高气温在 37~39 ℃的重高温日出现的比率也比较高，达 37.8%；日最高气温在 40 ℃及以上的严重高温日占 3.1%。其中 42 ℃以上的高温日共出现了 5 次，分别在 2006 年、2011 年和 1953 年之中。61 年间的最高值 43 ℃出现在 2006 年 8 月 15 日。

图 6.5b 是 61 年来重庆市主城区各月高温日数的分布图。从图 6.5b 可以看出，4—10 月重庆都有高温天气出现，时间跨度非常大。但是，高温日最多的还是在 7 月和 8 月。61 年间这两月共出现了 1488 d 的高温日，占高温总日数的 74.3%。而 4 月和 10 月高温日数非常少，61 年间分别出现了 7 d 和 1 d。

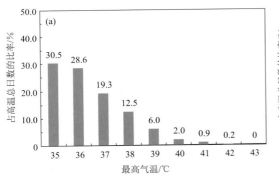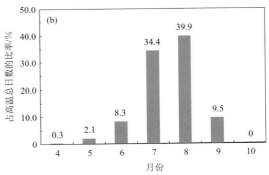

图 6.5　1951—2011 年重庆市主城区高温时间分布

(a)高温值；(b)各月高温

6.2.3　盛夏重庆城市下垫面温度特征

2017 年盛夏，在重庆市中心城区新牌坊动步公园及周边地区选择了沥青路面、水泥地面、乔木冠层叶面、灌木冠层叶面、九龙湖水面等主要代表性下垫面开展相应的表面温度观测。观测时间选择重庆市气温最高的时段 14—15 时进行，对所选择的观测地点依次进行表面温度测量。使用的观测设备为热红外成像仪（型号 FLIR T420），观测时采集三次并取平均值作为所观测下垫面的表面温度。此外，本节还使用了重庆市渝北区气象观测站的部分草面温度和水泥地面温度观测资料。通过上述观测资料，分析不同天气条件下不同下垫面地表温度之间的差异，并初步总结分析各种下垫面对城市热岛效应的影响。

（1）盛夏下垫面表面温度差异特征

重庆盛夏14—15时基本上是一日之中最热的时段，此时段的城市下垫面表面温度差异有助于探讨高温期间下垫面对城市热岛效应的影响。表6.1是2017年7月10日—8月11日期间选择典型天气下观测的14—15时垫面表面温度平均值及同期气象站点气温值。

表6.1　盛夏午后14—15时下垫面表面温度平均值和气温的对比

观测天数/d	天气	代表性下垫面的表面温度/℃							沙坪坝气象站气温/℃
		沥青路面	水泥地面	水泥地面（树荫下）	草地	灌木叶面	乔木叶面	水面	
7	晴	67.1	63.5	34.0	43.3	41.8	39.2	35.0	38.3
3	多云	54.7	54.0	30.1	38.6	36.1	34.6	32.5	34.2
2	雨	27.2	29.1	26.2	24.9	23.2	23.2	31.3	23.6

从表6.1中可以看出，晴朗天气条件下，各种类型的下垫面表面温度，沥青路面最高，其次是水泥地面，然后依次是草地、灌木叶面、乔木叶面、水面、树荫下的水泥地面。同期的气象站气温仅比水面温度和树荫下的水泥地面温度高。多云天气条件下，各种类型的下垫面表面温度的高低情况，和晴朗天气条件下基本一致，只是温度不同幅度地低了许多。雨天条件下，各种下垫面的表面温度均比较低，相互之间的差别也较晴朗和多云天气条件下小得多。

在晴朗天气条件下，沥青路面的平均表面温度为67.1 ℃，水泥地面的平均表面温度为63.5 ℃，两者仅相差3.6 ℃。在多云天气条件下，沥青路面和水泥地面的平均表面温度差别不大，分别为54.7 ℃和54.0 ℃，但也明显高于草地等绿化下垫面和水体的表面温度。沥青路面和水泥地面是城市下垫面中最具代表性的下垫面类型，可以代表大多数建筑物表面。这两种下垫面的性质较为接近，其表面温度也大幅高于其他下垫面。沥青路面和水泥地面都是不透水性下垫面，但沥青路面颜色较深，对太阳辐射吸收更多，因此比水泥地面的温度高。这两种下垫面都是白天吸收储热的主要载体，对城市热岛效应有非常重要的影响。

在晴朗和多云天气条件下，草地、灌木叶面和乔木叶面这三种表面的温度依次降低，草地最高，乔木叶面最低。雨天条件下，草地最高，灌木叶面和乔木叶面较低，且灌木叶面和乔木叶面之间温度差别不明显。草地、灌木叶面和乔木叶面都属于城市绿地范畴的下垫面，其表面温度在晴天条件下比沥青路面和水泥地面低20.0 ℃以上，在多云条件下低15.0 ℃以上，在雨天条件下差别较小。乔木树荫下的水泥地面的表面温度，在晴天和多云天气条件下均维持了一个明显较低的表面温度，比其余各种表面的温度都低。在雨天条件下，由于林下背风热量不易散失，林下地面所受冰冷雨水冲刷的量也小一些，因此树荫下的水泥地面的表面温度比草地、乔木和灌木等的表面温度稍高。由此可见，草地、灌木和乔木等绿地下垫面在高温期间维持了相对较低的表面温度，对于城市热岛效应的减缓起着重要作用。

水面的温度不管是在晴朗还是多云天气条件下，温度都比太阳直晒的其他各种下垫面温度低，相对于周边环境温度，水面是一个明显的"凉岛"，城市中水体面积大小和分布对城市热岛效应具有重要影响。在雨天，由于降雨及弱冷空气的影响，非水体下垫面的温度较低，而水体由于比热容大，水面温度较高。

（2）下垫面地表温度的日变化特征

通过盛夏下垫面表面温度的差异分析可以看出,沥青路面、水泥地面等不透水性硬化下垫面对城市热岛效应的产生和增强起着重要作用,而各种绿地等透水性下垫面及水体对城市热岛效应的减缓起着重要作用。因此,本节利用重庆市渝北区气象观测站资料,分析了 2015 年盛夏期间非降水日草面温度和水泥地面温度这两种代表性下垫面温度的日变化特征,见图 6.6。

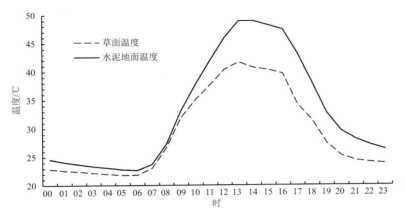

图 6.6　2015 年盛夏水泥地面和草面温度的日变化

从图 6.6 中可以看出,草面温度和水泥地面温度存在明显的日变化,白天高晚上低,14 时左右最高,06 时左右最低。草面平均最高温度为 41.7 ℃,水泥地面平均最高温度为 49.0 ℃,最高温度相差 7.3 ℃。草面平均最低温度为 21.8 ℃,水泥地面平均最低温度为 22.7 ℃,最低温度仅相差 0.9 ℃。草面日平均温度为 29.3 ℃,水泥地面日平均温度为 33.1 ℃,日平均温度相差 3.8 ℃。水泥地面温度的日较差显著大于草面温度的日较差,草面温度的日较差为 19.9 ℃,水泥地面温度的日较差为 26.3 ℃。水泥地面和草面之间的温差,在日出后的几个小时内最小,温差低于 1.0 ℃;随后温差迅速增大,并在 13—17 时维持 8.0 ℃左右的大温差时段;此后温差逐渐减小;夜间两者的温差也逐渐减小。

（3）主要下垫面对城市热岛效应的影响

城市下垫面可以粗分为沥青、水泥、草地、林地、水体 5 种主要下垫面,这 5 种下垫面可以涵盖大部分城市下垫面。

沥青和水泥两种下垫面是不透水性下垫面,具有较相似的热吸收和耗散特性。沥青和水泥地面由于不透水,不易受土壤湿度的影响,白天吸收太阳短波辐射,升温较高,通过长波辐射等途径对大气的加温作用明显,是产生城市热岛效应的主要下垫面热源。沥青和水泥下垫面的比例越高,热岛效应就越容易产生和增强。

草地和林地两种下垫面是透水性下垫面,在一定的程度上具有相似的热吸收和耗散特性。草地和林地下垫面的温度,容易受到土壤湿度的影响,并且,植物叶面可以通过蒸腾、光合作用等多种作用使叶面温度保持相对较低,因此对大气的长波辐射等加温作用也相对较弱。城市中草地、林地等植被下垫面的比例越高,对城市热岛效应的缓解作用就越明显。

在炎热的夏季,水体由于比热容大以及蒸发作用,可以保持相对较低的温度。与周围环境相比,水体特别是大型水体类似于一座座"凉岛",可以降低周边的环境温度,有效缓解城市热岛效应。

6.2.4　重庆城市热岛效应站点观测分析

城市热岛效应是城市化发展导致城市中的气温明显高于外围郊区的现象。随着中国城市建设的高速发展，城市下垫面的变化引起城市气温的明显变化，城市热岛效应不断加剧，城市热岛效应所带来的影响也越来越明显。特别是在高温干旱期间，热舒适状况对气温的影响比较明显，热岛效应的出现可能使城市高温酷热天气更为严重，产生的危害更大。

将城区平均气温与郊区平均气温的差值定义为城市热岛强度。为了计算重庆主城区城市热岛效应的长期变化趋势，采用城区 3 个气象站（沙坪坝、渝北、巴南龙洲湾）平均气温代表城区气温，以北碚气象站气温代表郊区气温。由于重庆地区的地势起伏不平，各观测站的海拔高度差异比较大。为了避免因各站海拔高度差引起的温度变化，本节中的计算以沙坪坝观测站为基准，对文中用于计算城市热岛强度使用的其他观测站气温以气温垂直递减率（0.57 ℃/（100 m））进行了温度订正。由于城区 3 站的观测场位置不直接与城市最繁华的核心区域近距离紧邻，因此计算出来的城市热岛强度不能直接反映出城市核心小区域的热岛强度，但代表整个城市热岛强度的平均水平并用于反映整个城市的热岛变化趋势还是可行的。

城市热岛强度为

$$\mathrm{UHI} = T_{城区} - T_{郊区} = (T_{沙坪坝} + T_{渝北} + T_{巴南龙洲湾})/3 - T_{北碚} \tag{6.1}$$

使用的资料主要有沙坪坝、渝北、巴南龙洲湾、北碚 4 个观测站 1961—2016 年的月平均气温、年平均气温，以及 2009—2016 年的小时平均气温（何泽能 等，2017）。

（1）热岛年际变化特征

为了分析重庆市城市热岛效应的长期变化，计算了重庆市年平均热岛强度的年际变化，结果见图 6.7。从图 6.7 可以看出，1961—2016 年重庆市年平均热岛强度的总趋势呈上升趋势，其上升率为 0.71 ℃/（100 a）。2013 年热岛强度最强，为 0.61 ℃。20 世纪 60 年代初，不存在明显的城市热岛效应。至 80 年代末，年平均热岛强度呈缓慢的增强趋势。20 世纪 90 年代初期，年平均热岛强度有所减弱。20 世纪 90 年代中期以来，年平均热岛强度呈明显的增强趋势。

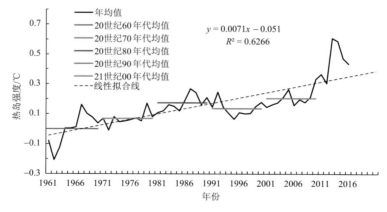

图 6.7　1961—2016 年重庆市城市热岛强度的年际变化

（2）重庆市热岛强度的年变化

重庆市各季节的气候特征差异较大，因此城市热岛效应也相应存在明显的年变化特征。从 2009—2016 年重庆市平均热岛强度的年变化情况（图 6.8）可以看出，重庆市的城市热岛效应存在明显的年季节变化特征:盛夏季节(7 月、8 月为盛夏)的热岛效应最强,其中 8 月为 0.59 ℃;初春的热岛强度次之,3 月平均为 0.5 ℃;仲春至初夏的热岛效应最弱,其中 4 月最低,为 0.27 ℃。

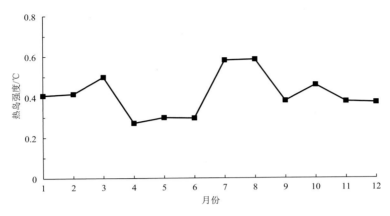

图 6.8   2009—2016 年重庆市城市热岛强度的年变化

(3)重庆市热岛强度的日变化

从 2009—2016 年重庆市各季节平均热岛强度日变化(图 6.9)中可以看到,各季节热岛效应的日变化趋势基本一致,均表现为白天弱,夜间强。08 时左右热岛强度开始明显减弱,至 17 时左右热岛最低,形成一个谷值;17 时后热岛强度迅速增强,至 23 时左右达到最高,形成一个峰值。春季和盛夏热岛强度的日变化略大于其余季节。强热岛时段主要出现在 21 时—次日 08 时,盛夏夜间最高,盛夏夜间平均为 0.88 ℃(21 时—次日 08 时的平均值)。白天的弱热岛时段主要出现在午后 12—18 时,这一时段中也是盛夏最高,平均为 0.17 ℃(12—18 时的平均值),春季最低,平均为−0.17 ℃(12—18 时的平均值)。

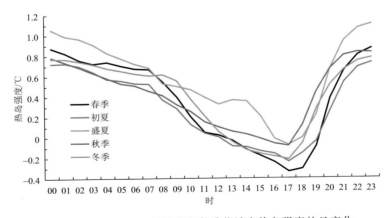

图 6.9   2009—2016 年重庆市各季节城市热岛强度的日变化

6.2.5   重庆城市热岛效应遥感观测分析

为了定量评估地表城市热岛(SUHI)的时空分布特征,学者基于遥感技术提出了诸多可行的算法。其中,城乡二分法是目前应用最为广泛的方法之一。但如何划分郊区背景是利用城乡二分法估算 SUHI 的难点。常用的郊区背景划分方法有缓冲区法和规模法两种。缓冲区法是以城市建成区外 1~50 km 的缓冲区范围作为郊区背景。规模法是在确定城市建成区后,以城区外 1.5 倍或者 2 倍建成区面积作为郊区背景。对下垫面较为复杂的山地城市而言,复杂的地形环境使得城区和郊区海拔差异较大,城、郊间的温差会随海拔差异的增大而增加,简单地采用城市外固定区域作为郊区背景势必会加大城、郊间的温差,造成山地城市 SUHI 评估误差,因而简单地利用缓冲区法和规模法估算山地城市热岛效应是不适宜的。

2020 年 5 月 9 日,重庆市主城区由原 9 区扩容到 21 区,扩容后的主城区被称为主城都市区,原主城区被称为中心城区。主城都市区主要集中在重庆市西部,海拔高度介于 131~2184 m,平均海拔高度为 478 m。不同于平原大城市,重庆市主城区地表覆盖类型主要以混交林、城市和建筑区、草地以及作物和自然植被镶嵌类等地物为主,其面积占比分别为 7.8%、4.6%、35.6% 和 48.8%。为解决山地城市热岛效应监测过程中郊区背景划分问题,本节结合城市夜间灯光数据、高程数据及地表分类数据,使用了一种针对山地城市郊区背景划分的方法,并采用城乡二分法定量评估 2001—2020 年重庆市主城都市区城市热岛时空变化(张德军 等,2023)。

(1)重庆市主城都市区城市热岛年平均空间分布

图 6.10 为 2001 年、2008 年、2013 年和 2020 年基于综合缓冲区法估算的重庆市主城都市区城市热岛年平均空间分布图。主城都市区城市热岛效应与城市建成区空间分布较为一致,且热岛区面积随城市建成区面积扩大而增加。2001 年,主城都市热岛区面积较小,较强热岛等级以上区域主要集中在渝北区、渝中区和九龙坡区驻地所在区域,区域面积占比为 0.50%,弱热岛影响区域面积占比为 12.91%,无热岛及冷岛区域面积占比为 86.59%。2008 年,随着城市化进程的加快以及城镇人口的增加,受较强热岛以上等级区域面积占比增加为 1.00%,弱热岛影响区域面积占比增长为 10.44%,无热岛及冷岛区域面积占比为 88.56%。2013 年相比 2008 年较强热岛以上等级区域面积明显增大,长寿、涪陵、南岸等区(县)出现较强热岛现象,面积占比增加为 3.26%,弱热岛区域面积占比增加为 17.47%,无热岛及冷岛区域面积占比则减小为 79.27%。到 2020 年,随着地表覆盖类型的改变,受热岛效应影响区域面积继续扩大,主城都市区各区、县政府驻地附近均出现了热岛效应,受较强热岛以上等级影响区域面积占比达到了 3.73%,弱热岛影响区域面积占比为 19.33%,无热岛及受冷岛影响区域面积占比为 76.94%。

(2)重庆市主城都市区城市热岛各季节空间分布

图 6.11 为 2020 年重庆市主城都市区春季、夏季、秋季和冬季城市热岛空间分布图。对比图 6.11a~d 可知,重庆市主城都市区四季热岛强度空间分布存在明显的差异。春季,主城都市区主要受弱热岛和弱冷岛影响,弱热岛分布在中心城区、潼南和合川等区(县),面积占比为 10.56%;弱冷岛分布在主城都市区的东部和中心城区内各山脉处,面积占比为 30.80%。夏季,随着气温的不断升高,城区不透水面地表温度升温明显大于郊区茂密植被和林地区域,使得主城都市区城郊温差增大,城市热岛效应明显增强,受较强热岛和强热岛影响区域明显增大。较强热岛和强热岛区域集中在中心城区及各区(县)驻地处,两者面积占比升高至 7.31%。此外受城市增温辐射的影响,部分城、郊结合区域受弱热岛影响,影响面积占比为 13.13%。秋季,主城都市区主要受弱热岛影响,部分区域出现较强热岛,弱热岛和较强热岛影响区域面积占比分别为 14.88% 和 4.53%。秋季高海拔地区降温明显,低海拔地区降温缓慢,

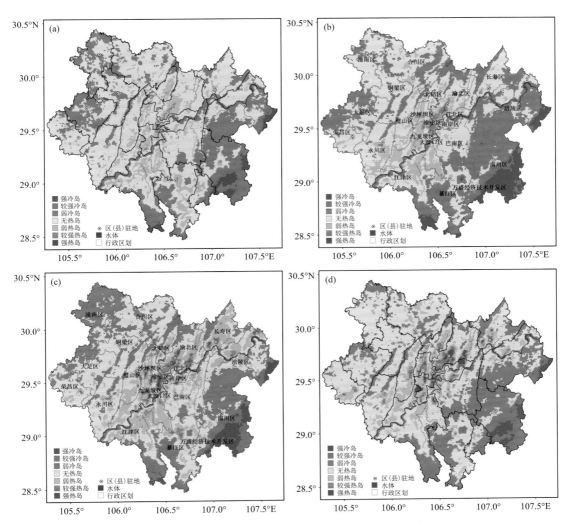

图 6.10　重庆市主城都市区城市热岛年平均空间分布

(a) 2001 年；(b)2008 年；(c)2013 年；(d)2020 年

导致主城都市区东部出现冷岛效应,受弱冷岛、较强冷岛和强冷岛区域面积占比分别为
32.02％、10.28％和 4.24％。冬季,主城都市区超过一半的区域不受热岛效应影响,中心城区
存在小范围的弱热岛影响区域,其面积占比为 11.10％,东部地区则出现了弱冷岛和较强冷岛
区域,区域面积占比分别为 29.30％和 6.31％。综上所述,重庆市主城都市区城市热岛效应主
要呈夏季最强,冬季最弱的趋势,这与众多学者利用遥感监测城市热岛效应结果一致。

6.2.6　小结

本节利用 1980—2019 年重庆市中心城区 4 个气象站点的气温、降水等观测资料以及典型
时段卫星资料,分析重庆市热岛效应的时空变化特征以及不同天气状况对热岛的影响。结果
表明,20 世纪 90 年代以来,重庆市城市热岛效应增强趋势明显,21 世纪 10 年代达最强,近年
来有减缓迹象。卫星遥感显示城市热岛呈东北—西南走向分布,强热岛主要位于人口密集的

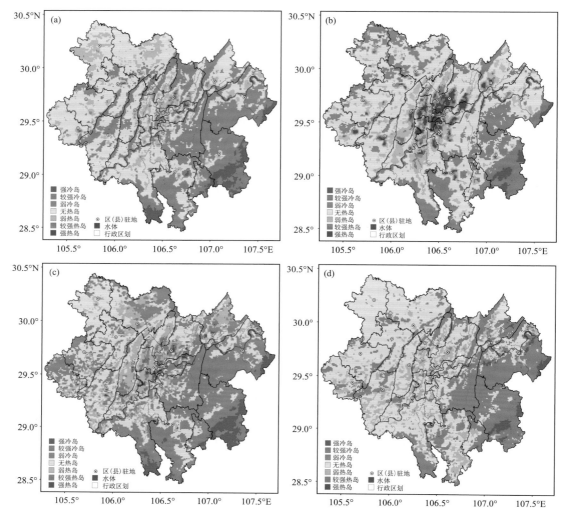

图 6.11　2020 年重庆市主城都市区四季城市热岛空间分布

(a)春季；(b)夏季；(c)秋季；(d)冬季

老城区、商业区、广场、车站、工业园以及城市新区等区域。

6.3　城市颗粒物遥感监测评估

6.3.1　城市颗粒物遥感监测的意义

自 20 世纪 80 年代初起，我国经历了 30 余年的经济持续高速发展，国民经济水平有了很大的提高，城市化过程非常迅速。与此相随的是人为活动和工业生产向大气中排放更多的气态、颗粒态污染物，使我国部分地区空气质量持续恶化，大量的环境流行病学研究发现大气中的细颗粒物暴露与包括哮喘、呼吸道感染、肺癌、心血管疾病、过早死亡等在内的各种疾病在世界范围内存在稳健的关联性，大气颗粒物污染对公众健康和生态安全构成了巨大威胁。故准确获取其时空分布、来源及传输路径已经是我国大气环境治理最急迫的任务。与传统的地面站点式监测相比,卫星遥感监测具有大区域范围内连续,能够在不同尺度上反映污染物的宏观分布趋势,为大气污染的全方位立体监测提供了重要的信息来源,可以在一定程度上弥补地面监测手段在区域尺度上的不足,已经成为掌握颗粒物区域尺度分布的必要手段。

6.3.2 估算方法

大气整层气溶胶光学厚度(AOD)为大气铅直柱内所有气溶胶粒子消光能力的总和,能在一定程度上反映近地面颗粒物的浓度,估算思路是基于站点实测数据(气象站的能见度观测数据、相对湿度数据,环境监测站的颗粒物数据),计算近地面气溶胶消光系数,并拟合计算出近地面的气溶胶吸湿增长特性,分析近地面气溶胶消光系数随相对湿度变化的特征及其时空分布规律。

大气气溶胶是由空气和与其混合的液态、固态颗粒组成的悬浮体系。AOD 是大气垂直柱内所有气溶胶类型消光能力(吸收和散射)之和,体现的是整个大气柱浓度的消光系数;而近地面颗粒物浓度反映是近地表气溶胶粒子在大气光作用下的散射和吸收能力。大量研究表明,大气柱内的消光与近地面之间消光具有一定的相关性,但两者之间关系受气溶胶粒子的垂直分布影响较大,且在大气层中随着时间和空间区域的不同而不同。颗粒物估算可用如下方程所示:

$$PM_{2.5} = \left[\frac{\tau_a(\lambda)}{H_a \times a + b \times \left(\frac{RH}{100}\right)^c} \times K \right] + d \qquad (6.2)$$

式中:$\tau_a(\lambda)$ 为气溶胶光学厚度;a、b、c 均为平均消光效率拟合参数;H_a 为边界层高度;K、d 为地基站点拟合的斜率、截距;RH 为相对湿度。

6.3.3 颗粒物时空分布特征

通过基于气象数据进行垂直—吸湿订正估算颗粒物浓度,可获得重庆地区小时连续空间覆盖,选择 PM$_{2.5}$ 浓度日变化较大的数据分析其颗粒物浓度的迁移和扩散(如图 6.12,其中空气质量分级采用中国空气质量标准作为参照)。从 2020 年 5 月 3 日(图 6.12)及 11 月 10 日(图 6.13)PM$_{2.5}$ 空间分布图可以看出,卫星数据清晰显示出 PM$_{2.5}$ 的空间分布。不同时刻的数据(11—16 时)也直观反映污染物的扩散传输情况,图中的点位代表实际地面站点观测的空气质量等级,卫星估算结果的空气质量等级与地基观测具有较好的一致性(除少数点外),风云四号连续观测优势能够更清晰直观地反映区域污染的扩散和生消特征。

2020 年 1—12 月重庆市近地面 PM$_{2.5}$ 浓度高值区主要集中在西部,东南部和东北部颗粒物浓度较低(图 6.14)。《环境空气质量标准》(GB 3095—2012)中对居住区、商业交通居民混合区等二类区 PM$_{2.5}$ 的年平均限值为 35 μg/m³,重庆市绝大部分区域 1—12 月 PM$_{2.5}$ 浓度均值在标准以下。

6.3.4 小结

结果表明,2020 年重庆市近地面 PM$_{2.5}$ 浓度高值区主要集中在西部,东北部和东南部颗粒物浓度较低;根据《环境空气质量标准》(GB 3095—2012)中对居住区、商业交通居民混合区等二类区 PM$_{2.5}$ 的年平均限值为 35 μg/m³,重庆市绝大部分区域 PM$_{2.5}$ 浓度均值在标准以下。

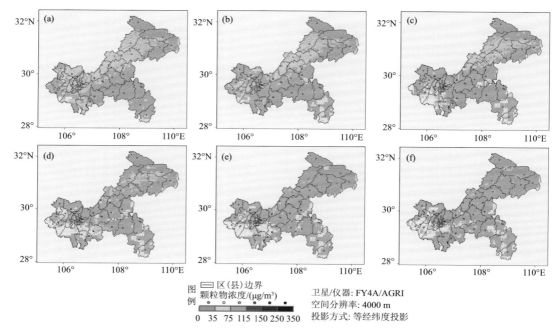

图 6.12　2020 年 5 月 3 日 11 时(a)、12 时(b)、13 时(c)、14 时(d)、15 时(e)、
16 时(f)重庆市 PM$_{2.5}$分布

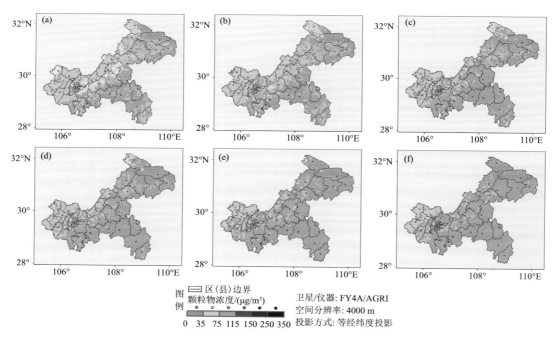

图 6.13　2020 年 11 月 10 日 11 时(a)、12 时(b)、13 时(c)、14 时(d)、15 时(e)、
16 时(f)重庆市 PM$_{2.5}$分布

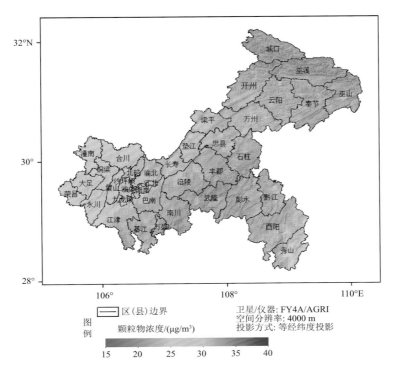

图 6.14　2020 年 1—12 月重庆市近地面 PM$_{2.5}$浓度高值区

6.4　城市痕量污染气体遥感监测评估

6.4.1　NO$_2$遥感监测

二氧化氮(NO$_2$)是一种重要的大气污染物,可导致大气能见度降低。基于 OMI/Aura L3 级产品 OMNO2d 计算了重庆市 NO$_2$柱浓度。

结果表明,2020 年,重庆市 NO$_2$柱浓度 $5.26×10^{15}$ mol/cm^2,较 2013 年下降 2.15%,较近 7 年均值略低(图 6.15),明显低于全国各城市群 NO$_2$柱浓度,表明重庆市工业脱硝和机动车尾气控制 NO$_x$排放成效显著。重庆市 NO$_2$柱浓度高值区主要集中在中心城区,并往外呈扇形扩散,东南、东北部地区总量相对较低,主城及周边地区 2020 年 NO$_2$柱浓度较 2013 年下降明显(图 6.16)。

6.4.2　SO$_2$遥感监测

二氧化硫(SO$_2$)是最常见、有刺激性的硫氧化物,也是大气主要污染物之一。基于 OMI/Aura L3 级产品 OMSO2e 计算了重庆市 SO$_2$柱浓度。

结果表明,2020 年重庆市 SO$_2$柱浓度 0.06 DU,较 2013 年下降 58.80%,较近 7 年平均值小幅降低(图 6.17),尤其是中西部地区下降幅度更大,说明燃煤脱硫和散煤管理成效显著,重庆市 SO$_2$柱浓度明显低于全国各城市群。2020 年重庆市 SO$_2$柱浓度高值区主要集中在中西部地区,2020 年市内各区域之间的差异已明显减小(图 6.18)。

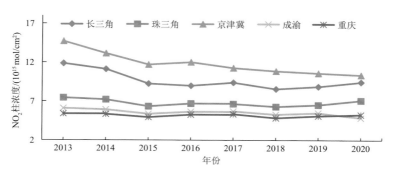

图 6.15　2013—2020 年全国各城市群 NO_2 柱浓度年际变化

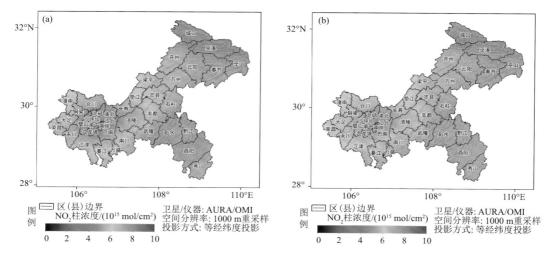

图 6.16　重庆市 NO_2 柱浓度均值分布

(a)2013 年；(b)2020 年

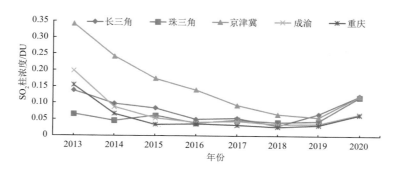

图 6.17　2013—2020 年全国各城市群 SO_2 柱浓度年际变化

6.4.3　CH_4 遥感监测

甲烷（CH_4）是仅次于二氧化碳（CO_2）的最重要的人为温室效应贡献者。大约四分之三的甲烷排放是人为的。基于 Sentinel5P Oxygen-A 波段（760 nm）和 SWIR 波段制作的 L3 级产品对川渝地区 CH_4 柱平均干空气混合比进行监测。

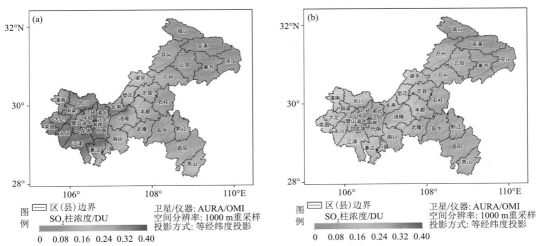

图 6.18　重庆市 SO_2 柱浓度均值分布

(a)2013 年；(b)2020 年

结果表明,2020—2022 年川渝地区 CH_4 柱平均干空气混合比逐年上升,高值区由 2020 年的内江、自贡、荣昌、永川、大足、沙坪坝地区逐步扩散,到 2022 年几乎整个成渝城市群均有高值分布(图 6.19)。

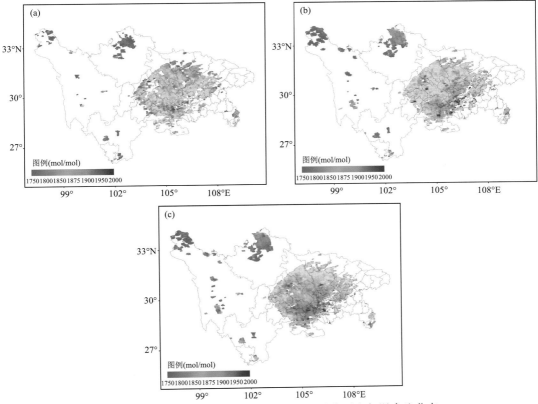

图 6.19　2020—2022 年川渝地区 CH_4 柱平均干空气混合比分布

(a)2020 年；(b)2021 年；(c)2022 年

6.4.4 小结

2013 年,国务院发布实施《大气污染防治行动计划》。重庆地区减排成效明显,2020 年 NO_2 柱浓度、SO_2 柱浓度均较 2013 年以来呈下降趋势;大部地区 2020 年 1—11 月 $PM_{2.5}$ 浓度均值低于国家二级标准。温室气体甲烷在 2020—2022 年逐年上升,高值区由 2020 年的内江、自贡、荣昌、永川、大足、沙坪坝地区逐步扩散,主要集中在成渝城市群中。

第 7 章
山地生态气象灾害

7.1 森林火险

7.1.1 林火概述

森林资源在生态环境及经济社会中拥有多重价值,承载着"地球之肺"、生物固碳、水源涵养、水土保持等重大生态热点及"绿水青山、金山银山"、乡村振兴、美好生活等经济问题,关系着生命安全、生产发展、生活富裕、生态良好的期望。森林是陆地生态系统中最为复杂且多样性程度最为丰富的组成部分,也是人类生存发展过程中不可或缺的资源(PAUSAS,1999;QUINTANO et al.,2013;易浩若 等,2004)。森林火灾(林火)严重威胁森林资源、人民生命财产安全及生态安全。

森林火灾是一种失去人为控制肆意燃烧毁坏林地的森林燃烧现象,严重威胁着生物多样性、森林生态系统和人类生命财产安全。因此,加强对森林火灾的监测和预警,尽早发现和掌握火情信息,将森林火灾消灭在萌芽状态,提高灾情处置的时效性,实现"打早、打小、打了",减少火灾损失,是现阶段森林防火工作的重点。卫星遥感监测作为现代化监测手段,相比于人工巡护、瞭望台及飞机等高投入监测手段,具有覆盖面积大、时效性高、可用数据源多、连续性强、监测算法多等自身的独特优势和更多的应用场景。随着遥感技术的发展,卫星遥感技术在监测林火的发生、动态变化及灾后损失评估、灾后恢复中已得到广泛应用。近年来,我国学者在林火遥感监测方面开展了大量的研究,并取得了广泛的应用。

7.1.2 研究区概况

重庆位于四川盆地东部边缘,区内江河交错分布,山高谷深,地形相对复杂,海拔高差达2723 m。主要气候类型为亚热带季风气候,常年平均气温 17.7 ℃左右,降雨主要集中在 4—10 月,常年降水量 1000～1450 mm。多发夏季高温干旱。地带性植被属亚热带常绿阔叶林,植被带随高度变化呈现垂直分异特点。林地分布于高程较高、坡度大于 15°的地区或相对高程较高的地区,林种包括绿阔叶林带、常绿阔叶与落叶阔叶混交林、亚高山针叶林(包括落叶阔叶与针叶混交林)(陈艳英 等,2012)。

重庆市森林资源丰富,林业用地面积 365.8 万 hm²,其中森林面积 223.7 万 hm²,疏林地52.9 万 hm²,灌木林地 86 万 hm²,无立木林地 9 万 hm²,宜林荒地 41.6 万 hm²,苗圃地 0.16 万 hm²。森林覆盖率 27.15%,林木绿化率 30.48%(滕秀荣,2005)。活立木蓄积量为 7446 万 m²。纯林多,混交林少;针叶林多,阔叶林少。重庆地形复杂,森林的分布受地形影响明显。林地分布于高程较高、坡度大于15°的中低山区或高程较高的山区(陈艳英 等,2012)。

7.1.3 重庆森林火灾的空间分布规律及区划

7.1.3.1 资料及方法

本章所用资料有2000—2010年重庆市681例火灾资料,其中527例包含经纬度信息的森林火灾资料,其余火灾数据包含所在区县及乡镇信息;重庆市1:25万数字高程模型数据(DEM)数据。森林火灾资料来源于重庆市林业局森林防火指挥办公室,DEM数据为重庆市气象科学研究所购买,基于DEM及地理信息系统软件(GIS)提取527例林火对应的高度信息。

7.1.3.2 基于临域火灾数量的林火空间化方法

森林火灾的实际空间分布现状是每个点对应一次森林火灾,从火灾的空间布局上可以看出其大致的分布趋势,如何将空间点上的一次火灾用定量的手段反映出森林火灾的易发程度,是森林火灾区划及其等级划分中需要解决的问题。鉴于此,首先为各火灾点建立权重值,以表征该点林火的多寡,称作火灾易发程度,用下式表示:

$$F = N/L \tag{7.1}$$

式中:F为当前点火灾的易发程度;N为以当前点为中心,30 km² 范围内火灾可发生的次数,$N = \sum_{i=1}^{n} n_{li}$($n$为以$N$为中心、30 km为半径范围内的火点数量,$n_{li}$为距离当前点为$l$时的火点数);$L$为以当前点为中心、在30 km范围内所发生的所有火灾点与该点距离的均值(单位为km),$L = \frac{1}{n}\sum_{i=1}^{n} l_i$($l_i$为第$i$个火灾点与当前点的距离(单位为km))。第$i$个火灾点与当前点的距离利用两点间距离$l_i = \sqrt{(y-y_j)^2 + (x-x_j)^2}$($x$、$y$分别为当前点的经纬度,$x_j$、$y_j$分别为其余各火灾点的经纬度)。

7.1.3.3 火灾与地形关系的建立

首先从搜索到的n个火点的高程均值入手,借助火灾易发程度与其对应的高程均值来建立其与地形间的关系,对30 km内搜索到的林火点的高程取均值,表示为:

$$H = \frac{1}{n}\sum_{i=1}^{n} h_i \tag{7.2}$$

式中:H为与当前点距离在30 km内火点的高度均值,简称当前火点的平均高度;h_i为任意一点的高度;n为满足条件的火点数。

在450 m以下的地区,随高度的增加火灾数量增加,而在高度大于450 m的地区,火灾数量随高度增加而减少,在空间分布上存在一定的规律性。

分析发现,全市火灾数量与高度之间存在分段关系,在450 m以下及450 m以上的地区,火灾数量与高度分别遵循不同的关系,且复相关系数在0.9以上。

火灾易发程度在一定程度上也展示了一定空间范围内火灾发生数量的多少,它对应的是这个范围内的高度均值,因此考虑通过火灾易发程度与高度均值的关系,间接建立火灾易发程度与实际地形之间的关系。

分析发现,当前火点的平均高度(即火灾易发程度对应的高度均值)与其实际高度之间存在很好的线性关系,如图 7.1,据此将平均高度与实际高度建立如下关系式:

$$H = 0.490 H_{local} + 305.9 \quad\quad (7.3)$$

式中:H_{local} 表示当前火点的实际高度,H 同上,复相关系数 R^2 为 0.519,样本数 527,该关系式通过 0.001 的相关检验。

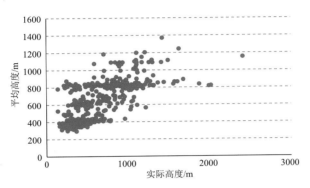

图 7.1　当前火点的实际高程与平均高程散点关系

不同区域火灾易发程度与平均高程之间用分段关系表示,因此就可以将火灾易发程度 F 与实际高程 H_{local} 之间用函数关系来表示为:

$$F = f(H_{local}) \quad\quad (7.4)$$

从表 7.1 可见,除东南少部分地区外,大部分地区的林火可发生次数与平均高程之间表现为很好的指数关系。

利用表 7.1 所给的关系式,将重庆市 2000—2010 年 527 例火灾进行空间化。

表 7.1　林火可能发生的次数与平均高度分段关系

区域	关系式	高程分段	相关系数	样本数
中、西部	$F = 0.00004\, e^{0.03156 H}$	$H < 360$	0.8116*	40
	$F = 44.56 e^{-0.007 H}$	$H \geqslant 360$	0.7759*	226
东北	$F = 0.056 e^{0.003 H}$	$H < 770$	0.6132**	8
	$F = 74.5534 e^{-0.0039 H}$	$H \geqslant 770$	0.6084*	169
东南	$F = 0.00007\, H^2 - 0.07 H + 17.26$	$H \leqslant 550$	0.7913*	16
	$F = 16.17 e^{-0.00 H}$	$H > 550$	0.6618*	68

注:F、H 意义同前,* 表示通过 0.001 的相关检验,** 表示通过 0.1 的相关检验。

7.1.3.4　重庆森林火灾区划结果分析

将火灾案易发程度进行空间化,分成 6 个区域。根据区划结果,计算森林火灾各个等级区域所占的比例,见表 7.2。

表 7.2　重庆森林火灾分区标准及各区所占比例

林火等级	极易发生区	多发区	一般区	少发区	偶发区	无林火区
30 km² 内林火次数	$\geqslant 2.5$	1.8~2.5	1.2~1.8	0.6~1.2	0.3~0.6	<0.3
面积百分比/%	7.32	5.55	16.53	26.72	24.81	19.07

从表 7.2 可见,重庆市森林火灾的极多发生区及易发区所占比例较少,其余四个等级所占比例较大。根据表 7.2 将森林火灾进行空间分级,结果见图 7.2。

从图 7.2 可见,基于一定范围内森林火灾发生数量及高度的重庆市森林火灾区划结果对部分地区林火空间分布趋势做了补充:①一定程度上补充了无林火的假象,如彭水、涪陵、开州区缺乏火灾记录,从区县及地形火灾分布图上看不到火灾分布;②对缺乏经纬度信息的地区森林火灾空间分布做了补充,如垫江、璧山、万州等地森林火灾记录中缺少经纬度信息,因此在森林火灾空间化时只能展现出面状矢量数据的形式,而不能精细化地体现到点。

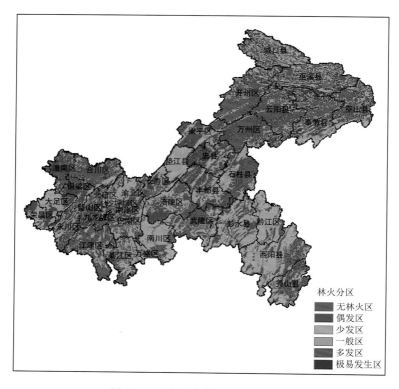

图 7.2　重庆市森林火灾区划结果

从图 7.2 可见,林火极易发生区和多发区主要有 3 个区域:①东北部的山麓地带;②西部大足、荣昌、永川、合川、璧山、长寿、垫江、忠县及主城区的一些山脊地带;③东南的部分地区。林火的一般发生区分布在林火多发的周围。林火的少发区及偶发区主要分布在东南、西南大部及中部部分地区,包括酉阳、黔江、彭水、武隆、南川、万盛、綦江、石柱、丰都、涪陵等地区,其余地区零星分布。无林火区呈现大范围分布及分散分布 2 种态势,在东北万州、开县、云阳、奉节等地势低平及河谷一带呈大范围分布,在西部地势低平及河谷沿线及东南、东北的地势相对较高的地区呈分散型分布。森林火灾区划体现的林火的空间分布情况接近客观现实。

7.1.4　林火遥感监测

7.1.4.1　林火遥感监测研究进展

目前用于林火监测的遥感数据源涵盖地基的红外与可见光结合的瞭望塔、天基的无人机、空基的卫星遥感。瞭望塔具有近距离实时监测、准确度高的优势,缺点是监测范围小、设备建设及维护成本高、设备生命周期短、易受自然灾害及人为因素干扰。天基的无人机具有机动性高、准确度高的优势,缺点是飞行成本高、不能连续续航、监测范围小、飞行受空域及天气条件限制、易发生坠机事故、不能飞行正在燃烧的火场等。空基的卫星遥感恰恰弥补了地基瞭望台和天基无人机的短板,得到广泛的推广和应用。

用于林火监测的遥感数据种类繁多,包括低分辨率的静止卫星,如中国风云系列卫星、日本 Himawari 系列、韩国 GK-2A 及中低分辨率的极轨卫星,MODIS 系列、NOAA 系列、VIRS-NPP 等,分辨率较高的包括中国的 GF 系列及资源卫星等、美国 Landsat 系列、欧洲 Sentinel 系列等。

为了使阈值更能反映监测时的状况,利用自适应阈值调整法确定监测阈值,使林火监测识别时可以根据当前的温度情况确定阈值范围,有效避免了因阈值过高或过低造成的误判(何全军 等,2008)。这种自适应阈值调整法虽然考虑了阈值随时间的变化,缺乏对其空间变化的调整,而大多数卫星数据的扫描范围广,在大范围的区域内,地域或地形因素会导致地表温度或亮温空间上有较大的波动。当观测到像元内出现火点时,并非整个像元都有明火,只是像元内着火的部分出现的高温使得各通道在该像元的辐射率加权平均值及亮温增加,该增加量在各个通道有所不同,利用这一差异可以分析提取火点信息。这种像元内部小面积区域的明火称为亚像元火点,卫星监测的中红外和远红外通道的亮温及亮温差是整个像元的平均态数值,亚像元区的温度远高于该平均态亮温,实验表明,亚像元区明火面积占像元面积的 0.01% 以上即可被检测到(戎志国 等,2007;刘诚 等,2004)。因此计算亚像元火点的面积及亮温值可提升林火监测时的弱小林火的精度(刘诚 等,2004),在进行林火判识时,除利用亮温作为林火识别指标外,全波段热辐射放射能力也可作为林火强度的判识指标(郑伟 等,2020)。

7.1.4.2 主要数据及数据处理

(1)主要遥感数据及数据处理

遥感数据包括静止卫星 FY-4A、极轨卫星 FY-3C/VIRR、FY-3D/MERSI、NOAA、VIRS-NPP、AQUA、TERRA 及中分辨率卫星 GF-4、Landsat8 等。

对遥感 L1 级原始数据通过投影、辐射定标、大气校正后将格点 DN 值转换成反射率或亮度温度值。

(2)FY-3B 及 FY-3C 地表温度、测站地表温度数据

FY-3B/VIRR 和 FY-3C/VIRR 监测热点数据,来源于国家卫星气象中心风云卫星遥感数据服务网 http://data.nsmc.org.cn/portalsite/default.aspX,数据时间段与地表温度数据相同。收集 2011—2020 年自动气象站和自动气象观测站地表温度数据,来源于 CIMISS 气象数据统一服务接口 http://10.230.89.55/cimissapiweb/indeX_indeX.action。

受云雾、传感器、数据存储制作等自然和人为因素的干扰,遥感地表温度在时间序列上存在缺失,在空间上存在奇异值,因此需要对整理好的逐月地表温度进行空间插补、时间延补。

(3)其他数据

行政区划数据为重庆市乡镇级行政区划数据,来源于国家气象信息中心。重庆市 DEM 数据来源于国家气象信息中心。土地分类数据来源于国家气象信息中心。

7.1.4.3 低分辨率极轨星林火遥感监测

（1）水体识别

确定水体识别方法，并将水体列于林火监测之外，满足下列情况的像元为水体。

$$R_2 < 0.1 \text{ 且 } \frac{R_2 - R_1}{R_2 + R_1} < 0.05 \qquad (7.5)$$

式中：R_1 为第一通道反射率；R_2 为第二通道反射率。

（2）识别云像元

如果林火关注区像元白天满足公式（7.6）的条件，则像元为云像元；夜间满足 $T_5 < 285$ 则所述像元为云像元。

$$(R_1 > 0.1 \text{ 且 } T_5 < 289) \text{ 或者} (R_1 + R_2 \geqslant 0.3 \text{ 且 } \frac{R_2 - R_1}{R_2 + R_1} \leqslant 0.3) \qquad (7.6)$$

式中：T_5 为第五通道亮温值。

（3）林火监测区或林火监测单元地表亮温查询表的建立

利用第 4 通道对林火监测区或监测单元长时间序列多时段监测地表亮温值（LST）的计算和建表，其中长时间序列指计算数据至少为 3 年数据，时段长度根据情况可以为一个季节或一个月，时段内分别计算白天亮温均值和夜间亮温均值。在重庆依据地表分类建立季节查询表，见亮温均值（表 7.3）、亮温标准差（表 7.4）。

表 7.3　春、夏、秋、冬四季卫星 FY-3C、FY-3B 监测 LST 均值　　　　　　单位：K

地表类型	季节	FY-3B 白天	FY-3B 夜间	FY-3C 白天	FY-3C 夜间
水田	春	305.9	292.3	302.0	292.8
	夏	315.7	302.2	315.2	302.3
	秋	300.9	292.5	299.7	292.7
	冬	290.6	281.9	286.7	282.0
旱田	春	305.1	291.4	300.7	292.1
	夏	314.2	301.2	313.3	301.3
	秋	300.3	291.8	298.6	292.1
	冬	290.1	281.3	285.8	281.5
林地	春	303.6	290.1	298.4	291.0
	夏	311.4	299.4	310.1	299.3
	秋	298.9	290.8	296.7	291.1
	冬	288.8	280.3	284.3	280.6
草地	春	303.7	289.7	298.1	290.5
	夏	311.0	298.9	309.4	298.9
	秋	298.9	290.4	296.3	290.7
	冬	289.1	280.0	283.8	280.4
水体	春	306.3	292.7	302.7	293.2
	夏	317.0	303.6	316.3	303.6
	秋	301.5	293.1	300.4	293.3
	冬	290.9	282.6	287.5	282.8

续表

地表类型	季节	FY-3B 白天	FY-3B 夜间	FY-3C 白天	FY-3C 夜间
建筑	春	307.3	293.0	303.2	293.6
	夏	317.2	302.9	316.4	303.2
	秋	302.1	293.1	300.7	293.5
	冬	291.6	282.5	287.8	282.7

表 7.4　春、夏、秋、冬四季卫星 FY-3C、FY-3B 监测 LST 标准差

地表类型	季节	FY-3B 白天	FY-3B 夜间	FY-3C 白天	FY-3C 夜间
水田	春	3.3	3.9	5.2	3.8
	夏	3.8	2.4	3.9	2.4
	秋	5.5	4.1	5.7	4.2
	冬	3.8	1.0	1.3	1.0
旱田	春	3.5	3.8	5.0	3.6
	夏	3.5	2.3	3.6	2.3
	秋	5.4	4.1	5.6	4.1
	冬	3.8	1.1	1.4	1.1
林地	春	4.2	3.8	4.9	3.5
	夏	3.9	2.5	3.9	3.6
	秋	5.3	4.1	5.5	4.0
	冬	4.0	1.6	1.9	1.5
草地	春	4.1	3.8	4.7	3.4
	夏	3.4	2.1	2.9	2.1
	秋	5.2	4.0	5.2	3.9
	冬	4.0	1.3	1.7	1.3
水体	春	4.2	4.0	5.5	3.9
	夏	4.8	5.7	4.7	5.7
	秋	5.7	4.1	5.8	4.1
	冬	3.6	1.6	2.2	1.5
建筑	春	3.4	3.9	5.1	3.9
	夏	3.9	2.4	4.1	2.4
	秋	5.7	4.1	5.6	4.3
	冬	3.9	1.0	1.4	1.1

（4）时空自适应方法提取林火监测区非云像元区域异常高温点（潜在火点）

第 3 通道亮温大于设定阈值，同时第 4 通道亮温大于该时段亮温查询库的值，且第 1、2 通道反射率同时小于设定阈值，则该像素为异常高温点，作为潜在林火点进入下一步检测。像素应满足如下条件：白天像素满足公式（7.7）、夜间满足公式（7.8）条件。

$$(T_3 > T_{d_m} \text{ 且 } T_4 > T_h) \text{ 且 } (\rho_{0.65} < 0.3) \text{ 且 } (\rho_{0.86} < 0.3) \tag{7.7}$$

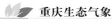

$$T_4 > T_h \tag{7.8}$$

式中：T_3 为第 3 通道亮温，$\rho_{0.65}$、$\rho_{0.86}$ 为第 1、2 通道反射率，T_{d_m} 为白天 4 μm 通道亮度温度基准值，T_h 为设定的阈值，计算方式如下：第一种方式，对林火关注区非云像素按照地表分类（林地、草地、旱地）统计 4 μm 通道累计概率密度，按亮温从高到低排列，累计概率密度为 8% 时对应的 T_4 作为阈值 T_h；第二种方式，统计第 3 通道不同地类长时间序列的亮温均值与标准差作为阈值 T_h，统计方法参见第 4 通道亮温查询数据库的建立。

（5）基于第 3 通道亮温进行绝对火点判别

指像元是林火监测单元或监测子区内异常高温点（潜在火点）像素，且该像元第 3 通道亮度温度在 330 K 及以上，满足公式（7.9），则该像元为火点。

$$白天 T_3 \geqslant 330, 夜间 T_3 \geqslant 310 \tag{7.9}$$

式中：T_3 为第 3 通道亮度温度值。T_3 取值依地区、季节的不同可适当进行调整。

（6）基于上下文及通道阈值条件，检测潜在火点中除绝对火点外的可能火点

检测潜在火点中除绝对火点外的可能火点，包括公式（7.10）条件：

$$A：T_3 - T_{3b} > 2\delta T_{3b} \; 且 \; B：T_3 - T_4 > T_{34b} + 2\delta T_{34b} \tag{7.10}$$

如所述像元为林火监测单元或监测子区内除绝对火点外的非云像元，在满足条件（A）且同时满足条件（B）时，则所述像元为林火点像元。其中 T_3 为第 3 通道亮度温度值，T_{34} 为通道 3 通道 4 的亮温差值，T_{3b} 和 T_{34b} 分别为 3 通道背景像素亮温均值及 3 通道与 4 通道背景像素亮温差的均值，δT_{3b} 和 δT_{34b} 分别为 3 通道背景像素亮温标准差、3 通道与 4 通道背景像素亮温差的标准差，当标准差小于 2 K 时令其等于 2 K。

（7）明火面积的计算

$$N_{3f} = P \times \frac{C_1 V_3^3}{(e^{\frac{C_2 V_3}{T_{h3}}}) - 1} + (1 - P) \times \frac{C_1 V_3^3}{(e^{\frac{C_2 V_3}{T_{bg}}}) - 1}$$

$$N_{4f} = P \times \frac{C_1 V_4^3}{(e^{\frac{C_2 V_4}{T_{h4}}}) - 1} + (1 - P) \times \frac{C_1 V_4^3}{(e^{\frac{C_2 V_4}{T_{bg}}}) - 1} \tag{7.11}$$

式中：N_{3f}、N_{4f} 为混合像元辐射率；P 为明火区面积占像元面积百分比；T_{hi} 为明火区温度；T_{bg} 为背景温度；V_i 为通道 i 的中心波数，i 为通道号；C_1，C_2 为常数，第一辐射常数 $C_1 = 3.7427 \times 10^8$ W $\cdot$ μm^4 $\cdot$ m^{-2}，第二辐射常数 $C_2 = \frac{ch}{k} = 14388$ $\mu m \cdot K$；T_{bg} 背景温度可由混合像元周围非火点像元获得近似。因此上式有 P 和 T_{hi} 两个未知数。解方程组，得到明火区面积占像元面积百分比 P，根据像元分辨率得到单个像元的面积 S，明火区的面积 $S_{Fde} = P \times S$。

7.1.4.4 中高分辨率卫星林火监测

利用 Landsat8 第 6、7 波段（第 6 波段波长范围为 1.56~1.66 μm，中心波长 1.61 μm，第 7 波段波长范围为 2.10~2.30 μm，中心波长为 2.20 μm），计算归一化燃烧指数 NBR。结合亮度温度及 NDVI 进行林火识别。

$$NBR = \frac{B6 - B7}{B6 + B7} \tag{7.12}$$

林火判别方法：

$$A：NBR \leqslant 0.45 \; 且 \; B：T_{b10} \geqslant T_h \; 且 \; C：NDVI \geqslant NDVI_h \tag{7.13}$$

式中：T_h 为第 10 波段亮度温度的阈值，与时间、地点有关；$NDVI_h$ 为当前像元 NDVI 多年均

值,以此来弥补土地利用类型中土地分类不准确的缺陷。林火监测时,同时满足 A、B 、C 三个条件,则检测出来的像元判别为林火。

基于 GF-4 卫星林火监测可尝试如下方法。鉴于高分 4 号卫星的波段设置,利用亮度温度进行热点识别及火点确认,再利用土地利用的方式剔除非林区高温点,公式如下:

$$T_i > 350 \text{ 或} (T_i > 322 (筛选潜在火点) 且 T_{po} \geqslant T_{ave} + 2 T_\delta 且 NDVI > NDVI_{land})$$

(7.14)

式中:T_i 是整幅影像的像元点亮度温度;T_{po} 是经过潜在火点识别后满足条件的点的亮度温度;T_{ave} 是背景亮度温度均值;T_δ 是背景亮度温度的标准差,背景亮温的区域选择方法:以当前的潜在火点为中心,向四周搜索,初始搜索的范围为 7×7 格点,如果不满足继续增加范围,格点数为奇数,最多搜索 27×27 格点。NDVI 为当前像元点的 NDVI 值,$NDVI_{land}$ 为当前像元点所在土地类型的 NDVI 多年均值。

7.1.5 小结

本小节基于 FY-3B、FY-3C 11 μm 波段监测的地表温度数据,建立了 2011 年 4 月—2020年 5 月 FY-3B 白天、夜间地表温度数据集及 FY-3C 白天、夜间地表温度数据集,基于该数据集计算了春夏秋冬上、下午及前半夜、后半夜不同地表覆盖类型的地表温度均值、标准差,给出了不同地表类型春季、夏季、秋季、冬季四个季节不同时段的林火监测异常值指标。基于地形指数及 NDVI 建立了非林区高温点祛除的方法。建立了基于 FY-3C(FY-3D)及 MODIS 卫星的林火监测模型及较高分辨率卫星 Landsat8、GF-4 数据的林火遥感监测模型。

7.2 石漠化

7.2.1 石漠化概述

石漠化也是石山化,指石灰岩山区植被强烈退化后岩石裸露的现象。岩溶石漠化是在热带、亚热带湿润、半湿润气候条件和岩溶极其发育的自然背景下,受人为活动干扰,使地表植被遭受破坏,造成土壤严重侵蚀、基岩大面积裸露、土地退化的表现形式(李伟 等,2020)。石漠化也称为石质荒漠化,是荒漠化的一种。随着我国对生态文明建设的日益重视,石漠化也逐渐为公众所知晓。石漠化被比喻为"地球的癌症",反映了其治理的艰巨性(吴华英 等,2019;蒋忠诚 等,2010)。

研究石漠化的基础是对石漠化的分布有充分的认识,石漠化监测识别有实地测量调查、数据解译识别、模型解译识别等。近年来,一些部门和省份对石漠化分布做了系统调查,其中,国土资源大调查的遥感解译与地面调查结合获得的数据(童立强 等,2003)得到了国家的认同。该数据以裸露基岩占总面积的比例、裸露基岩的结构和分布特征、植被结构等为分级的基本依据,将区域出露的碳酸盐岩生态景观分为潜在石漠化(岩石裸露率≥30)、轻度石漠化(30～50)、中度石漠化(50～70)和重度石漠化(>70)四个等级。通过 20 世纪 80 年代末—90 年代末石漠化演变调查,分析了石漠化演变的空间分布特征。

石漠化是自然和人为因素共同作用的结果。其中,自然因素是基础,人为因素是驱动力。

石漠化自然因素主要表现为:可溶性岩石基础,成土条件差,水土流失严重。地质条件影响下,基岩为可溶性岩石碳酸盐岩为主要岩石类型(袁道先,2001;袁道先 等,1988;柴宗新,1989;李阳兵 等,2002)。

石漠化是岩溶地区生态地质条件不足和人类活动破坏共同作用的结果,其形成过程通常是:植被受破坏—植被覆盖减少—岩石裸露—水土流失—土壤营养流失—土地退化。土地退化会进一步加剧水土流失,导致岩石裸露面积加大,生态环境更加恶化,植被恢复难度加大,如此恶性循环,使石漠化程度逐级加大。

研究者们对石漠化敏感因子进行了分析,主要涉及的因素有坡度、植被因子和岩性等(杨明德,1985;王世杰,2002;张殿发 等,2002;李瑞玲 等,2003,2006;曹建华,2005;王艳强 等,2005;覃小群 等,2006;石军南 等,2012;张信宝 等,2013)。

7.2.2　重庆石漠化概况

从大量的分析结果来看,重庆岩溶地区有 37 个区(县),辖 888 个乡镇、101 个街道办事处、1787 个居委会、9848 个村委会。截至 2006 年末,岩溶地区总人口 3055 万人,其中农业人口 2328.8 万人,人口密度 388 人/km²,全年实现地区生产总值 2923.1 亿元,粮食总产量 967.7 万 t。重庆石漠化典型的区域主要在渝东北及渝东南地区,其余地区零星分布,其中渝东北巫山、巫溪、城口、奉节、开县石漠化面积大且连片,石漠化程度强;渝东南南川、武隆、彭水、黔江、酉阳、秀山大部地区,石柱、丰都、涪陵、綦江部分区域有分布,该地区石漠化面积大且连片,石漠化程度强;其余地区零星分布在山脉边缘。

以南川和巫山为例进行石漠化识别研究,图 7.3 给出了南川及巫山的卫星图像。

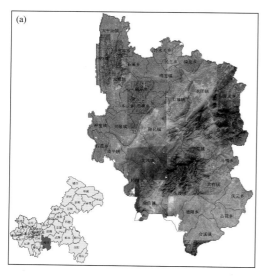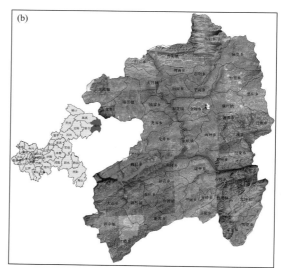

图 7.3　卫星图像南川区
(a)南川;(b)巫山

南川区位于渝南黔北,地处云贵高原与四川盆地交接地段(28°—29°N,106°—107°E),东北与武隆相邻,东南毗贵州省道真县,西接巴南区、綦江区,北连涪陵区。南川总面积约为 2601.92 km²,属亚热带季风湿润气候,夏季雨热同期,垂直差异明显,年平均气温约 16.7 ℃,年平均降水量约 1084.2 mm,年平均日照时数 1032.5 h,年平均风速 0.8 m/s,年平均相对湿度为 81.2%。地形以山地为主,海拔高度在 340～2251 m,境内最高点金佛山风吹岭海拔 2251 m,南川市喀斯特面积为 973 km²。

巫山县位于重庆市东北部,与湖北接壤,地处三峡库区腹心,地理坐标介于 30°—31°N,109°—110°E。巫山县幅员面积 2958 km²,辖 2 个街道、24 个乡(镇)、307 个村、33 个居委会。2010 年第六次全国人口普查数据,巫山县常住人口为 495072 人(户籍人口 63 万)。巫山县属亚热带季风气候,降雨充沛、四季分明,年平均温度在 18.4 ℃左右,年均降雨量高达 1003 mm;年日照时数 1539.6 h,年平均风速 1.4 m/s。

7.2.3 资料与方法

7.2.3.1 研究资料的收集整理

研究数据包括巫山和南川两个区县的 Landsat8 遥感数据、植被净初级生产力(NPP)数据、植被覆盖度数据、土地利用数据、岩土类型数据、DEM 高程数据、降雨及气温资料、重庆行政区划数据、人口密度数据。

(1)Landsat8 数据处理

Landsat8 遥感数据来源于地理空间数据云网站,下载地址 http://www.gscloud.cn/。巫山县 Landsat8 数据为 38 行、126 列(实际全覆盖巫山需要 38 行、126 列和 39 行、126 列,由于 39 行、126 列在巫山只有红椿乡南部及庙宇镇东南角这一小范围,为了减少数据处理工作量,巫山只选择了 38 行、126 列的数据);南川县 Landsat8 数据为 40 行、127 列。收集整理了 2013—2018 年巫山县、南川区 Landsat8 数据,其中巫山共 37 景数据、南川共 30 景数据,用 ENVI 软件对 Landsat8 数据进行大气校正、辐射定标处理。由于受云雾影响,处理后挑选适量较好的数据,南川 2015 年 10 月 21 日、2017 年 7 月 22 日、2018 年 8 月 7 日 3 d 数据质量较好;巫山 2013 年 10 月 24 日、2014 年 10 月 11 日、2015 年 10 月 14 日、2017 年 5 月 28 日、2017 年 11 月 4 日共 5 d 数据质量较好。

(2)植被覆盖度

从 NASA 官网下载 MODIS/AQUA 250 m 分辨率的逐月产品植被指数数据(MYD13A3),经过拼接、投影格式转换、裁剪,合成年归一化植被指数 NDVI 数据,并利用 NDVI 计算出年植被覆盖度 Fractional Vegetation Cover(FVC),裁剪出巫山、南川区域,形成 2000—2018 年巫山、南川植被覆盖度数据序列。

(3)地理信息数据

整理 2016 年土地利用数据、2004 年岩土类型数据、100 m 数字高程数据 DEM、重庆行政区划数据。

7.2.3.2 石漠化区域识别

用植被覆盖度、土地分类数据、岩石类型数据、坡度数据为分类指标,提取巫山和南川石漠化区域。

(1)植被覆盖度的计算

选取的 Landsat 数据,在 ENVI 软件中计算归一化差分植被指数(NDVI)和植被覆盖度(FVC)。

NDVI 是利用近红外和可见光红波段进行计算,其公式为(孙传亮 等,2013;慈晖 等,

2017;吴端耀 等,2017;芦颖 等,2018):

$$\mathrm{NDVI} = \mathrm{NIR} - R/\mathrm{NIR} + R \tag{7.15}$$

式中:NDVI 为归一化差分植被指数;NIR 为近红外波段反射率,Landsat8 取第 5 波段;R 为可见光红波段反射率,取第 4 波段。NDVI 取值范围为[-1,1],数值越大,说明植被长势好覆盖度高,反之说明植被覆盖度较低或长势较弱、停止生长,<0 时多为水体或上空有云。

植被覆盖度计算公式如下:

$$\mathrm{FVC} = \frac{N_{\mathrm{NDVI}} - N_{\mathrm{soil}}}{N_{\mathrm{veg}} - N_{\mathrm{soil}}} \tag{7.16}$$

式中:FVC 为植被覆盖度;N_{NDVI} 为格点植被指数;N_{soil} 为裸地或无植被覆盖区域植被指数;N_{veg} 为完全植被覆高区域植被指数。此处 N_{soil} 和 N_{veg} 取值为下限 5% 和上限 95%。当 $N_{\mathrm{NDVI}} < N_{\mathrm{soil}}$ 时,FVC$=0$;$N_{\mathrm{NDVI}} > N_{\mathrm{veg}}$,FVC$=1$;$N_{\mathrm{soil}} \leqslant N_{\mathrm{NDVI}} \leqslant N_{\mathrm{veg}}$。采用公式(7.16)计算植被覆盖度(程东亚 等,2019)。

图 7.4、图 7.5 给出了巫山、南川的入选 Landsat8 数据植被覆盖度(FVC)计算结果。

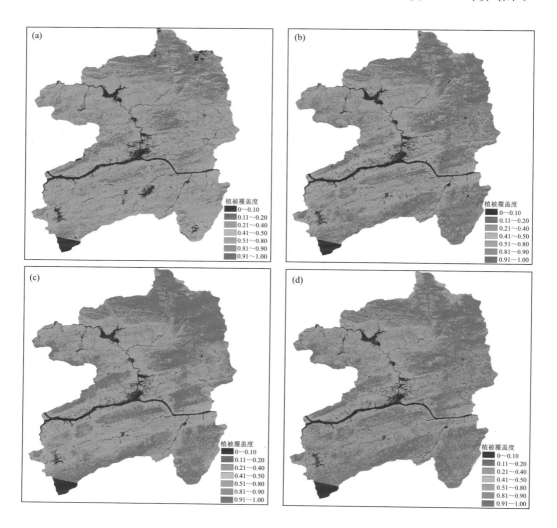

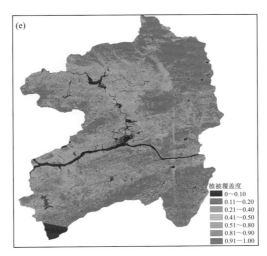

图 7.4 巫山入选 5 次过境 Landsat8 数据计算植被覆盖度
(a)2013 年 10 月 24 日;(b)2014 年 10 月 11 日;(c)2015 年 10 月 14 日;
(d)2017 年 5 月 28 日;(e)2017 年 11 月 4 日

从图 7.4 可见,巫山东北部地势较高的大巴山区、东南部的巫山山脉地区植被覆盖度较高,在长江主干道、大宁河、小溪河、官渡河流域两侧及巫山县城区,植被覆盖度偏低。

从图 7.5 可见,南川中部金佛山风景区植被覆盖度较高,向两侧降低,北部地区植被覆盖度较南部偏低,其中南川城区植被覆盖度最低。

(2)石漠化区域判别标准的建立

根据植被覆盖度指标计算岩土裸露度 R,$R=1-$FVC,FVC 为植被覆盖度。

对植被覆盖度、岩土裸露率、岩土类型、土地利用类型进行重分类,各指标见表 7.5～表 7.7,重分类结果为评分结果。

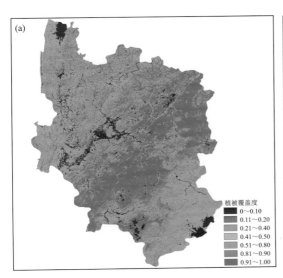

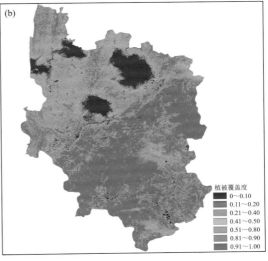

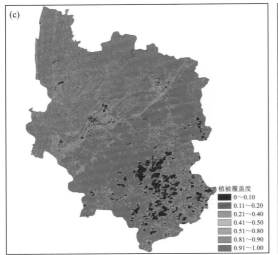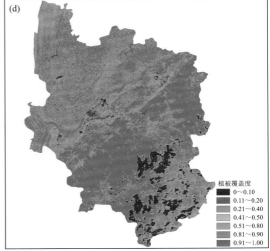

图 7.5　南川入选 4 次过境 Landsat8 数据计算植被覆盖度

(a)2015 年 10 月 21 日；(b)2016 年 5 月 16 日；(c)2017 年 7 月 22 日；(d)2018 年 8 月 7 日

表 7.5　植被覆盖度、岩石裸露度评分标准

植被覆盖度	岩石裸露度
0	0
3	3
5	8
8	8
11	11
14	15
17	20
20	25
23	30
25	35
28	40

表 7.6　土地利用类型评分标准

土地利用类型	评分
水田、水体、建筑用地	0
旱地：无灌溉水源及设施，靠天然降水生长；有水源和浇灌设施，在一般年景下能正常灌溉；以种菜为主的耕地，正常轮作的休闲地和轮歇地	17
有林地：郁闭度＞30%的天然和人工林，包括用材林、经济林、防护林等成片林地	5
灌木林：郁闭度＞40%、高度在 2 m 以下的矮林地和灌丛林地	10
疏林地：疏林地(郁闭度为 10%～30%)	15
其他林地：未成林造林地、迹地、苗圃及各类园地	20
高覆盖度草地：覆盖度＞50%的天然草地、改良草地和割草地	15
中覆盖度草地：覆盖度 20%～50%的天然草地和改良草地，一般水分不足，草被较稀疏	25
低覆盖度草地：覆盖度 5%～20%的天然草地，水分缺乏，草被稀疏，牧业利用条件差	30
未利用土地：裸岩石砾地，指地表为岩石或石砾，其覆盖面积＞5%以下的土地	35

表 7.7　地貌类型评分标准

地貌类型	评分
平原、微洼地、微高地	3
低台地、低丘陵	5
中台地、中丘陵	10
高台地、高丘陵、小起伏山地	15
中起伏山地、梁峁丘陵	20
大起伏山地、极大起伏山地	25
雪域高原、其他高原	30
喀斯特山地、喀斯特丘陵	35

根据以上 4 个评价指标评分之和确定石漠化程度,对南川和巫山地区石漠化区域评分标准如表 7.8、表 7.9。

表 7.8　南川石漠化分级评分标准

石漠化等级	评分
轻度石漠化	≤70
中度石漠化	(70~85]
强度石漠化	(85~92]
极强度石漠化	>92

表 7.9　巫山石漠化分级评分标准

石漠化等级	评分
轻度石漠化	≤70
中度石漠化	(70~80]
强度石漠化	(80~90]
极强度石漠化	>90

在此基础上,将植被覆盖度、岩石裸露率和植被类型图叠加运算,无石漠化区域的判别:基岩裸露度(或石砾含量)<30%的有林地、灌木林地、疏林地、牧草地或水田;建设用地;水域。潜在石漠化区域的判别:基岩裸露度(或石砾含量)≥30%,且符合下列条件之一者为潜在石漠化土地。①植被综合盖度≥50%的有林地、灌木林地;②植被综合盖度≥70%的牧草地;③梯土化旱地(潜在石漠化地区用-5 代替)。非石漠化叠加语句:一定要将所有数据的投影、分辨率、行列数一致,不一致的进行重采样进行处理。处理后分别得到非石漠化区域、潜在石漠化区域、轻度石漠化、中度石漠化、强度石漠化、极强度石漠化 6 个等级。

再将无石漠化区域、潜在石漠化区域与石漠化分级进行叠加运算,先叠加潜在石漠化区域,再叠加无石漠化区域。

进行合成分级之后,对南川和巫山地区分别进行计算,结果分成 6 个级别,分别为非石漠化区域、潜在石漠化区域、轻度石漠化、中度石漠化、强度石漠化、极强度石漠化区域。

7.2.4 石漠化区域识别结果

对巫山 5 次石漠化监测结果进行平均加权,得到石漠化分布结果(图 7.6a),将这个结果作为石漠化分类结果,对石漠化区域进行分析,结果见表 7.10。

表 7.10 巫山石漠化分级加权面积统计结果

等级	非石漠化	潜在石漠化	轻度石漠化	中度石漠化	强度石漠化	极强度石漠化
面积/km²	1302.8	771.1	270.3	286.9	143.5	175.2

由于 2016 年 5 月 16 日南川遥感图像受云影响较大,因此对南川采用其余 3 次石漠化监测结果进行平均加权,得到石漠化分布结果,见图 7.6b 和表 7.11,将这个结果作为石漠化分类结果,对石漠化区域进行分析(表 7.11)。

表 7.11 南川石漠化分级加权面积统计结果

等级	非石漠化	潜在石漠化	轻度石漠化	中度石漠化	强度石漠化	极强度石漠化
面积/km²	1490.0	890.0	123.4	69.5	15.3	6.2

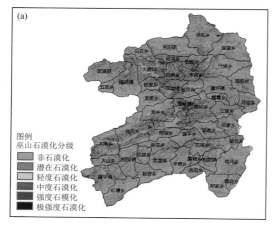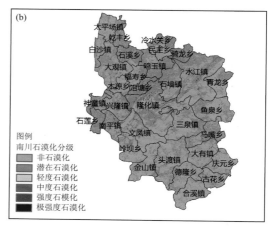

图 7.6 石漠化分级加权分布结果

(a)巫山;(b)南川

7.2.5 石漠化影响因素分析

按照石漠化分区,计算了区域石漠化指标均值、人口密度、地貌指标、区域平均高度、区域平均坡度、区域植被覆盖度,并给出简单的关系,见表 7.12、表 7.13。

表 7.12 巫山石漠化指标与各因子相关系数表

因子	人口密度	地貌	高度	坡度	植被覆盖度
相关系数	0.639*	0.406	−0.813**	−0.919***	−0.633*

(注:*、**、***分别表示通过 0.1、0.05、0.01 相关性检验,无标注表示没有通过检验)

表 7.13　南川石漠化指标与各因子相关系数表

因子	人口密度	地貌	高度	坡度	植被覆盖度
相关系数	0.646*	0.367	−0.986***	−0.908***	−0.975***

(注:*、**、***分别表示通过0.1、0.05、0.01相关性检验,无标注表示没通过检验)

从表 7.12、表 7.13 可见,石漠化指标与人口密度呈现正相关关系,说明人类活动对土地起到的破坏作用大于建设作用,加剧了石漠化的程度。高度、坡度两个地形因素与石漠化指标呈现明显的负相关关系,说明随着高度和坡度的增加,石漠化程度呈现降低的趋势。植被覆盖度与石漠化指标呈现显著的负相关关系,说明植被对石漠化起到明显的改善作用。

7.2.6　小结

利用 Landsat 8 计算的植被覆盖度及岩石裸露度指标、土地利用数据整理地貌数据并计算地貌分类指标,对巫山和南川开展石漠化监测,将研究区分为无石漠化区域、潜在石漠化区域、轻度石漠化区域、中度石漠化区域及强度石漠化区域、极强度石漠化区域 6 个等级。计算了巫山、南川无石漠化区域、潜在石漠化区域、石漠化区域植被覆盖度、植被净初级生产力 NPP、固碳量。植被覆盖度、植被净初级生产能力、固碳量在无石漠化区域最大,其次是潜在石漠化区域、石漠化区域较小,且 2001—2018 年间整体呈上升趋势。分析了石漠化指标均值与人口密度、地貌指标、区域平均高度、区域平均坡度、区域植被覆盖度的相关关系,表明石漠化指标与人口密度呈现正相关关系,说明人类活动对土地起到的破坏作用大于建设作用,加剧了石漠化的程度。高度、坡度两个地形因素与石漠化指标呈现明显的负相关关系,说明随着高度和坡度的增加,石漠化程度呈现降低的趋势。植被覆盖度与石漠化指标呈现显著的负相关关系,说明植被对石漠化起到明显的改善作用。

7.3　干旱

7.3.1　干旱概述

干旱是区域水分收支或供需不平衡所形成的水分短缺现象(杨世琦 等,2010)。作为一种复杂的、多属性的自然现象,干旱常表现出频率高、持续时间长、影响范围广等特点,对国民经济尤其是农业生产造成严重影响(高阳华 等,2013;陈方藻 等,2011;海全胜 等,2011)。资料显示,气象灾害造成的经济损失占全球自然灾害损失的85%,其中干旱带来的损失占气象灾害损失的一半以上(周广胜,2015)。我国对旱灾的记载已有 2000 多年的历史,干旱平均以每2~3 a 一次的频率影响着我国人民的生活,其中有记载的较为严重的旱灾已出现千余次。随着工业和科技的不断发展,加剧了干旱、水土流失、荒漠化等自然灾害对生态安全和人类可持续发展的威胁,出现了类似 2010 年春季中国西南五省特大干旱事件。据统计在本次干旱事件中,超过 645 万 km² 的耕地受旱,数万百姓日常生活出现饮水困难。干旱事件造成如此巨大损失的一个可能原因是对干旱发展行为的认识不足,缺乏及时的准备和有效的反应行动(Yan et al.,2018)。与其他自然灾害相比,干旱发生速度较慢,发展范围较广,在造成严重损失之前很难发现(Wood et al.,2015)。因此,能够及时、准确地监测干旱情况对于抗旱准备和减少风险

重庆生态气象

至关重要。

7.3.2 温度植被干旱指数(TVDI)

　　土壤在缺水状态下,植被生长受阻,利用不同的植被指数能间接地描述区域内土壤水分状态(Kogan,1995;Huete et al.,2002;Wang et al.,2007)。但植被指数对短期土壤水分变化的敏感性较低,单一采用植被指数不能准确地描述干旱在短时间内的变化(Fensholt et al.,2003)。在极端高温天气下,土壤中水分蒸发增大,降水不均时易出现区域性干旱。Lambin 等(1995)、Price(1990)研究发现,地表温度与植被指数之间存在极强的负相关性,利用 LST-ND-VI 直线的斜率可表示出该区域土壤中水分状况,LST-NDVI 直线越接近水平线,表示地区土壤中含水量较高,反之,直线越陡表明研究区土壤中水分含量较低。对于一个地表覆盖类型从裸土到密闭植被冠层,土壤湿度从干旱到湿润的区域,由区域内每个像元的 NDVI 和 LST 组成的散点图(图 7.7)呈现为梯形。Sandholt 等(2002)基于 LST-NDVI 特征空间理论提出了一种简化的经验参数化的地表干旱指数(TVDI),经验证 TVDI 与模型 MIKE SHE 模拟的表层土壤水分密切相关。

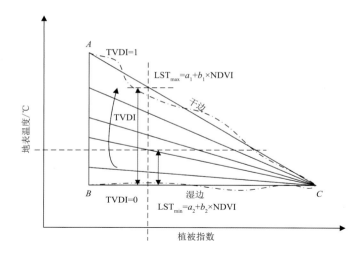

图 7.7　LST-NDVI 特征空间、土壤湿度等值线与 TVDI

　　理论模型和实验数据的结果论证了 LST-NDVI 特征空间,Sandholt 等(2002)在此基础上提出了 TVDI 的概念。利用 NDVI 和 LST 计算得到 TVDI 值将其定义为:

$$\text{TVDI} = \frac{T - T_{\min}}{T_{\max} - T_{\min}} \tag{7.17}$$

式中:T 为陆地地表温度;$T_{\min} = a_1 + b_1 \times \text{NDVI}$ 为相应 NDVI 下的最低温度,即湿边温度,由 $T_{\min}$ 拟合而成的直线称为湿边(TVDI=0);$T_{\max} = a_2 + b_2 \times \text{NDVI}$,为对应某一 NDVI 的最高温度值,即干边温度,由 $T_{\max}$ 拟合生成干边(TVDI=1),系数 a_1、b_1、a_2 和 b_2 由线性拟合得到。由式(7.17)可知,当 T 的值越接近干边时,TVDI 越大,土壤中的湿度越低;反之,当 T 越接近湿边时,TVDI 越小,土壤中的湿度越大。因此在理论上 TVDI 与土壤湿度之间存在相关性,且利用 TVDI 能较好地弥补单一考虑 NDVI 或 LST 进行土壤水分状态检测的不足,有效地减小了植被覆盖度对干旱监测的影响,提高了遥感旱情监测的准确度和实用性,常用于对土壤中的湿度进行检测。

7.3.3 基于 FY-3 数据重庆市旱情监测

7.3.3.1 FY-3 数据分析

研究采用的 FY-3A/VIRR 的 NDVI 和 LST 产品,数据均来源于国家卫星气象中心,数据的存储格式为 HDF5,时间分辨率为 10 d,空间分辨率为 1 km。对比数据采用的 Aqua/MODIS MYD13A3 的 NDVI 和 MYD11A1 的 LST 产品数据。NDVI 的时间分辨率为 16 d,空间分辨率为 1 km,LST 的时间分辨率为 8 d,空间分辨率为 1 km。利用 GIS 软件分别对获取到的数据进行几何校正、裁剪后得到重庆市 2015 年 7—9 月的 NDVI 和 LST 产品数据。以 2015 年 7 月为例,重庆地区的 LST 呈现东南低、西北高的分布状况,过渡带呈西南东北走向。对比图 7.8a 中 FY-3A/VIRR 和图 7.8b 中 Aqua/MODIS 的 LST 产品数据的值,FY-3A/VIRR 的 LST 产品的值域为 280~325 K,同时期 Aqua/MODIS 的 LST 产品数据的值域为 285~325 K。两产品数据在空间分布上保持一致,但在同一区域,Aqua/MODIS 数据的值要比 FY-3A/VIRR 数据的值更大,两产品数据间的差异主要是由其算法不同而致,国家卫星气象中心使用改进后的局地分裂窗算法反演得到 FY-3A/VIRR LST 产品(董立新 等,2012),NASA 则是用普适性劈窗算法得到 Aqua/MODIS LST 产品(武胜利 等,2007)。

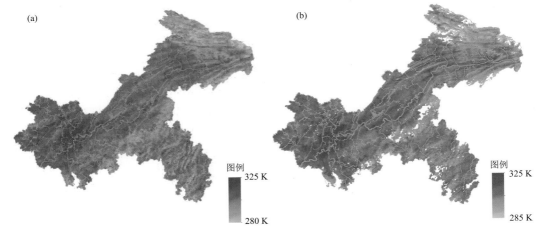

图 7.8　2015 年 7 月陆表温度产品渲染
(a)VIRR;(b)MODIS

从图 7.9 NDVI 结果图中可知,主城区所在的重庆西部地区的 NDVI 值较东部低,对 NDVI 产品数据进行对比分析可知,重庆地区 VIRR 的 NDVI 值域为 0.2~0.9,而 MODIS 的值域更为广泛介于 0~1.0。VIRR 和 MODIS 两传感器的 LST 和 NDVI 两类产品数据的对比结果显示,MODIS 的值域范围较 VIRR 更大,两者之间的较大的差异主要是因为探测仪器本身的参数,光谱响应差异等因素的存在。

进一步分析 VIRR 传感器与 MODIS 传感器的 LST 及 NDVI 产品数据之间的相关性。图 7.10a 为 LST 产品数据的散点图,从散点拟合结果可知,VIRR 与 MODIS 传感器的 LST

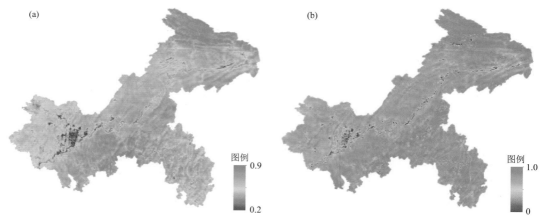

图 7.9　2015 年 7 月植被指数渲染
（a）VIRR；（b）MODIS

产品数据之间的相关性为 0.6985，说明两数据之间具有较好的相关性；图 7.10b 为 NDVI 产品的散点图，相关研究表明，当重庆地区的 NDVI 小于 0.3 时，图像像元表示为水体、雪或者裸地，可默认此类地区无干旱现象或无作物。因此设定 NDVI 的拟合范围为 0.3～1.0，通过对比，VIRR 与 MODIS 传感器的 NDVI 产品数据之间的相关性为 0.6769，具有较好的相关性。

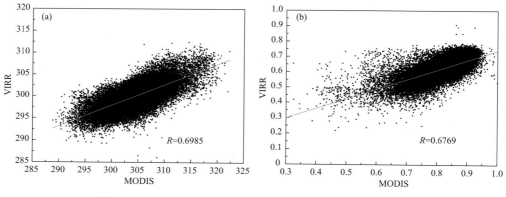

图 7.10　2015 年 7 月 VIRR 与 MODIS 产品数据相关性分析
（a）陆表温度相关性分析；（b）植被指数相关性分析

7.3.3.2　干湿边方程确定

NDVI 反映了植被覆盖度，LST 显示了土壤湿度。NDVI 和 LST 的结合为土壤湿度估测提供了重要信息。以 NDVI 为横坐标，LST 为纵坐标，采用最大值和最小值法获得 NDVI 对应的最高地表温度值和最低地表温度值，拟合为 LST-NDVI 特征空间的干湿边。利用 FY-3A/VIRR 和 Aqua/MODIS 的 NDVI 数据和 LST 数据拟合出 2015 年 7—9 月的干湿边方程，见表 7.14、表 7.15。

表 7.14   2015 年 7—9 月 FY-3A/VIRR LST-NDVI 特征空间的干湿边方程及拟合系数

时间	干边拟合方程		湿边拟合方程	
2015 年 7 月	$T_{smax}=-27.14NDVI+322.64$	$R^2=0.60$	$T_{smin}=0.91NDVI+292.03$	$R^2=0.01$
2015 年 8 月	$T_{smax}=-20.59NDVI+317.24$	$R^2=0.72$	$T_{smin}=27.25NDVI+265.35$	$R^2=0.34$
2015 年 9 月	$T_{smax}=-16.80NDVI+310.57$	$R^2=0.78$	$T_{smin}=33.57NDVI+268.38$	$R^2=0.83$

表 7.15   2015 年 7—9 月 Aqua/MODIS LST-NDVI 特征空间的干湿边方程及拟合系数

时间	干边拟合方程		湿边拟合方程	
2015 年 7 月	$T_{smax}=-50.10NDVI+354.37$	$R^2=0.82$	$T_{smin}=6.51NDVI+287.45$	$R^2=0.06$
2015 年 8 月	$T_{smax}=-40.46NDVI+344.03$	$R^2=0.81$	$T_{smin}=6.34NDVI+284.96$	$R^2=0.03$
2015 年 9 月	$T_{smax}=-46.62NDVI+346.63$	$R^2=0.87$	$T_{smin}=38.29NDVI+256.65$	$R^2=0.36$

7.3.3.3   TVDI 干旱结果验证分析

利用 NDVI 和 LST 产品数据拟合的干湿边方程,得到重庆市的 TVDI 值。以 TVDI 为干旱分级指标,将干旱划分为 5 级,分别为:湿润(0<TVDI≤0.2)、正常(0.2<TVDI≤0.4)、轻旱(0.4<TVDI≤0.6)、中旱(0.6<TVDI≤0.8)、重旱(0.8<TVDI≤1.0)。得到重庆 2015 年 7—9 月的干旱等级分布图(图 7.11、图 7.12)。

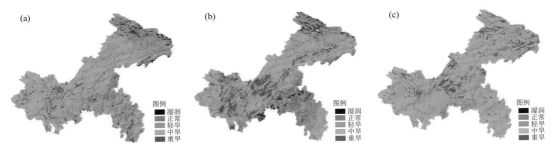

图 7.11   FY-3A/VIRR 2015 年 7—9 月 TVDI 分级

(a)7 月;(b)8 月;(c)9 月

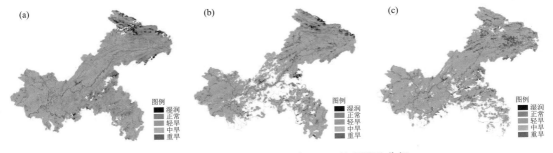

图 7.12   Aqua/MODIS 2015 年 7—9 月 TVDI 分级

(a)7 月;(b)8 月;(c)9 月

基于温度植被干旱指数的重庆地区干旱结果分布图(图 7.11、图 7.12)所显示的受干旱影响区域与重庆地区实际情况较为吻合。为了检验反演得到的干旱情况与土壤中真实水分之间

重庆生态气象

的相关性,选取研究区内 170 个土壤水分观测站点所监测的 2015 年 7—9 月的土壤墒情值。为消除空间定位误差以及削弱站点分布不均造成的误差,利用地理信息系统(GIS)软件的邻域分析功能,选取 3×3 像元大小窗口,提取出窗口内 TVDI 的平均值与对应日期的土壤墒情数据进行相关性分析(表 7.16、表 7.17)。

表 7.16、表 7.17 分别表示基于 FY-3A/VIRR 数据和 Aqua/MODIS 数据反演得到的 TVDI 值与不同土层深度土壤墒情数据之间的相关性系数。整体上,TVDI 指数与土壤墒情数据之间均呈负相关,且在 0.1 水平(双侧)显著相关,说明 TVDI 值能够较好地反映土壤相对湿度。针对不同土层深度,土壤墒情与 TVDI 的相关性系数不同,其中,与土层深度为 20 cm 土壤墒情的相关性最高,与 10 cm 土壤墒情相关性次之。受光学遥感传感器穿透能力很差,只能测定地表反射特性的影响,TVDI 值与土层深度为 30 cm 和 40 cm 土壤墒情值的相关性很低。另一方面,基于不同传感器数据反演得到的 TVDI 值与土壤墒情之间的相关性存在一定的差异,对比表 7.16 和表 7.17 可知,整体相关性上,基于 Aqua/MODIS 数据反演的 TVDI 值与土壤墒情之间的相关性较 FY-3A/VIRR 的相关性高,说明 Aqua/MODIS 数据在重庆地区整体干旱监测的效果要优于 FY-3A/VIRR 数据。

表 7.16　FY-3A/VIRR TVDI 与土壤墒情数据相关系数

时间	土层深度/cm			
	10	20	30	40
2015 年 7 月	−0.163	−0.186	−0.271**	−0.309**
2015 年 8 月	−0.355**	−0.510**	−0.389**	−0.352**
2015 年 9 月	−0.330**	−0.447**	−0.199	−0.278**

注:** 在 0.1 水平(双侧)显著相关,表 7.17 同。

表 7.17　Aqua/MODIS TVDI 与土壤墒情数据相关系数

时间	土层深度/cm			
	10	20	30	40
2015 年 7 月	−0.262**	−0.305**	−0.043	−0.016
2015 年 8 月	−0.343**	−0.544**	−0.299**	−0.272**
2015 年 9 月	−0.351**	−0.469**	−0.201	−0.036

7.3.3.4　基于 TVDI 重庆旱情分布特征

图 7.11、图 7.12 显示了 2015 年 7—9 月重庆地区的干旱等级分布状况,VIRR 和 MODIS 两类数据在同一时间下得到的干旱等级分布情况保持一致。整体上,重庆易受干旱影响的区域为西部主城区处和重庆中部地区,重庆东北城口区、巫溪和巫山以及重庆中部的石柱、丰都和武隆等山区植被覆盖较好,受干旱影响相对较小。为了分析随着时间的推移,重庆地区受干旱影响的面积变化情况。分别统计出 2015 年 7—9 月重庆地区受旱面积得到表 7.18 和表 7.19。

表 7.18、表 7.19 分别表示 2015 年 7—9 月,依据 FY-3A/VIRR 数据和 Aqua/MODIS 数据得到的 TVDI 值统计出的各干旱等级的面积。结果显示,在重庆地区,湿润的区域面积和受重旱影响的区域面积相对较小,较大区域受到轻旱和中旱的影响,因此可以看出,2015 年 7—9

月重庆地区未出现严重的干旱天气。随着时间的推移,重庆地区湿润区域面积在逐渐减少,受中旱和重旱的区域面积逐渐增大。7—9月,受中旱等级以上旱情影响的区域面积所占的百分比分别为:FY-3A/VIRR 数据结果分别是 41.80%、53.89% 和 71.45%;Aqua/MODIS 数据统计结果分别是 39.45%、65.73% 和 75.91%。统计结果显示,从 7 月开始干旱影响的范围在逐渐地增加,受干旱的程度也在不断地加重。

表 7.18　FY-3A/VIRR 2015 年 7—9 月受旱面积统计

时间	受旱面积/km²				
	湿润	正常	轻旱	中旱	重旱
2015 年 7 月	1676	10002	33035	29252	2862
2015 年 8 月	2097	10663	22596	32356	8971
2015 年 9 月	362	2663	18931	48819	6128

表 7.19　Aqua/MODIS 2015 年 7—9 月受旱面积统计

时间	受旱面积/km²				
	湿润	正常	轻旱	中旱	重旱
2015 年 7 月	1481	7509	36002	28398	924
2015 年 8 月	796	3482	16298	36888	2594
2015 年 9 月	244	1908	13103	43663	4422

7.3.3.5　不同地表覆盖类型下的对比分析

重庆以山城著称,海拔起伏较大,植被的垂直性分布比较明显,导致不同地表覆盖类型的地区旱情背景和受旱程度有一定差异。因此,为了分析不同地表覆盖类型的旱情分布情况,基于数字高程模型数据(DEM)和 MODIS 土地覆盖类型产品数据统计出重庆地区不同背景区主要土地覆盖类型及其所占比重(表 7.20)。

表 7.20　不同背景区主要土地覆盖类型及其所占比重

地形	重庆地区	混交林	作物	作物及自然植被镶嵌	其他
低海拔平原台地	0.66%	0.00%	0.56%	0.09%	0.01%
低海拔丘陵	8.68%	0.05%	5.55%	2.89%	0.18%
低海拔小起伏山地	21.44%	2.01%	8.10%	7.78%	3.55%
中海拔小起伏山地	0.38%	0.33%	0	0.02%	0.02%
低海拔中起伏山地	35.36%	11.53%	6.29%	7.87%	9.66%
中海拔中起伏山地	9.15%	7.70%	0.19%	0.59%	0.67%
低海拔大起伏山地	10.38%	5.19%	0.87%	1.11%	3.21%
中海拔大起伏山地	13.94%	12.20%	0.14%	0.75%	0.86%
重庆地区	100.00%	39.02%	21.70%	21.11%	18.16%

重庆地区地形地貌主要为低海拔小起伏山地、低海拔中起伏山地和中海拔中起伏山地,分别所占比重为 21.44%、35.36% 和 9.15%;地表覆盖类型主要为混交林类、作物类和作物及自

然植被镶嵌类,三类占到重庆地表覆盖类型的81.84%。结合二者分析,混交林在低海拔和中海拔地区都有存在;作物类和作物及自然植被镶嵌类主要分布在低海拔小起伏山地和低海拔中起伏山地。因此,联系二者之间的关系,将重庆地区的背景区划分为低海拔混交林、中海拔混交林、低海拔小起伏山地作物和低海拔中起伏山地作物四类进行分析。

从表7.16和表7.17可知,2015年8月的反演结果与土层深度20 cm土壤墒情数据间的相关性最好,因此对2015年8月的FY-3A/VIRR数据和Aqua/MODIS数据按照不同的背景区进行对比分析,结果见表7.21。

对比表7.16、表7.17和表7.21可以看出,除中海拔混交林外,其他三类地表覆盖类型的相关系数都相对整个重庆地区的相关系数有所下降,各类地物与实测数据在0.1水平(双侧)显著相关,表明TVDI更适用于较大范围的干旱监测,背景划分越细,相关性越低。分类后,FY-3A/VIRR数据与实测数据的相关系数要高于Aqua/MODIS数据与实测数据的相关系数,这与重庆整体验证结果相反,说明对于较小的区域,FY-3A/VIRR数据的监测结果要优于Aqua/MODIS数据的监测结果,这也表明了我国自主研发卫星数据在小区域旱情监测中的优势和可用性。表7.22为不同数据不同地表覆盖类型不同干旱等级的面积统计结果。

表7.21 2015年8月分类TVDI与土壤墒情数据相关性比较

地表覆盖类型	相关系数	
	FY-3A/VIRR与20 cm土壤墒情	Aqua/MODIS与20 cm土壤墒情
低海拔混交林	−0.478**	−0.331**
低海拔小起伏山地作物	−0.487**	−0.401**
低海拔中起伏山地作物	−0.505**	−0.497**
中海拔混交林	−0.586**	−0.205

表7.22 2015年8月不同地表类型受旱面积

地表覆盖类型	FY-3A/VIRR受旱面积/km²					Aqua/MODIS受旱面积/km²				
	湿润	正常	轻旱	中旱	重旱	湿润	正常	轻旱	中旱	重旱
低海拔混交林	237	1934	5425	5456	976	48	277	2841	6676	442
低海拔小起伏山地作物	8	96	1374	7218	3102	0	94	1914	7075	381
低海拔中起伏山地作物	45	731	2809	5820	1672	7	83	1263	6163	801
中海拔混交林	1648	6652	8922	3259	338	710	2845	7824	3752	89

面积统计分析,低海拔混交林、低海拔小起伏山地作物、低海拔中起伏山地作物和中海拔混交林在2015年8月受中旱等级以上的面积所占该类型地物总面积的百分比分别为:FY-3A/VIRR数据统计结果为45.85%、87.47%、67.64%和17.28%;Aqua/MODIS数据统计结果为69.21%、78.21%、83.73%和25.24%。从面积百分比可看出,作物类受旱灾影响的面积百分比较混交林类大,说明在夏季作物类更易受旱灾的影响;另外对于地表覆盖类型同为混交林的区域,低海拔地区受旱灾影响的面积要大于中海拔地区,表明低海拔地区较中海拔地区更易受旱灾的影响。

7.3.4　小结

本节利用 FY-3A/VIRR LST 产品和 NDVI 产品，在 LST-NDVI 特征空间原理支持下，分类温度植被干旱指数的特征及其在重庆地区干旱监测中的应用，并结合站点实测的土壤墒情数据对旱情结果进行验证分析。结果显示，重庆夏季主要受轻旱和中旱的影响，旱情较为严重的区域主要集中在西部地区。从 7 月开始，受旱情影响的范围逐渐扩大，旱情程度也在逐渐加深。不同地表覆盖类型旱情结果显示，作物类受旱情影响面积最大，低海拔地区受干旱影响的程度和概率均高于高海拔地区。

7.4　洪涝

7.4.1　洪涝概述

洪涝是指因大雨、暴雨或持续降雨使低洼地区淹没、渍水的现象，主要包含洪水和内涝。洪涝类型按地形、雨情、水情、工情和灾情等因素可概略区分为洪灾和涝灾。其中洪水类型根据洪水形成的直接原因对洪水所划分的类型，一般可分为暴雨洪水、融雪洪水、冰凌洪水、工程失事洪水（莫伟华，2006）。洪涝灾害的发生严重危害人们的生命和财产安全，因此对洪涝灾害开展应急监测，在灾情评估方面具有重要意义。我国陆地面积大，自然地理和气候条件十分复杂，各地区自然灾害频繁发生。而且随着全球变暖以及人类活动强度急剧增加，全球环境发生了复杂的变化，极端天气时有发生，表现在极端降水频发，这是导致洪涝灾害发生的主要原因之一。洪涝具有破坏性强、广和频繁的特征，已成为在自然灾害链中造成巨大损失的重要一环，制约着经济社会持续健康的发展。为了科学有效地应对洪涝灾害，减少洪涝灾害带来的直接和间接经济财产损失，准确且快速地提取洪涝灾害范围，尤其是近实时、高频次的洪涝动态监测制图非常重要。对于洪涝受灾区域的灾后洪涝时空变化特征的详细分析也至为重要，是洪涝灾害治理领域研究的重要内容。

由于遥感技术的时效性、可视范围广、影像分辨率高、获取方便和低成本等特性，卫星数据在洪涝监测中发挥了重要作用。基于遥感技术提取洪涝淹没区域，分析洪涝时空变化在国内外已有很多研究。陈璞等（2022）以全球导航卫星系统（Global Navigation Satellite System，GNSS）反射信号为数据源，提取地表反射率参数作为特征值，通过构建地表反射率与洪水分布模型分析了安徽省 2020 年 3 个时间段的洪水分布情况。郭山川等（2021）利用谷歌引擎（GEE）云计算平台的 Sentinel-1 数据，先实现水体时空分布粗制图，然后利用 Sentinel-2 光学影像得到精细的水体分布图，实现了 2020 年 5—10 月的长江中下游地区全域洪水淹没范围时空信息的自动、快速、有效监测。吕素娜等（2021）利用 Sentinel-1B 地距（GRD）影像，成像方式为干涉宽幅模式（IW），极化方式为 VV 的极化数据，对雷达图像做预处理，再采用变化检测方法（CDAT），对淹没区水体进行快速提取，对比了灾前和灾后的影像数据，监测圩堤溃堤情况，评估了研究区的受灾程度。任正情（2021）利用六安市灾情灾后两个时期的高分 3 号精细条带 SAR 数据（分辨率 10 m），对影像预处理后，采用最大类间方差法的方法进行阈值计算并分割影像、提取水体，对六安市洪涝灾害进行了监测评估，并将监测结果及时提交给了应急管理相关部门，对快速了解洪灾范围和灾情程度，为救灾工作提供了有力的数据支持。徐博良（2021）

选取我国西南地质地貌复杂地区为研究区,以长时间序列的 Sentinel-1 为数据源,统计了不同受灾情况下其雷达影像后向散射系数,结合长时间序列统计特征的分布特征,分析了这些统计特征与洪涝灾害时长的相关性,对研究区内洪涝灾害进行了有效的提取和监测。

7.4.2 遥感监测洪涝方法

洪涝遥感监测的关键在于水体的识别技术。水体识别是基于水体的光谱特征和空间位置关系分析、排除其他非水体信息从而实现水体信息提取的技术(李海亮 等,2015)。其物理学基础为:由于水体、植被、裸土等在可见光和近红外的反射光谱特性有着较大差异,总体而言,它们的光谱特性为:水体在近红外通道有很强的吸收,反射率极低,在可见光通道的反射率较近红外通道高(程远 等,2019)。植被在可见光通道的反射率较近红外通道低,在近红外通道波长范围内,植被的反射率明显高于水体,而在可见光通道波长范围内,水体的反射率高于植被(梁益同,2013)。

由于水资源的变换往往与天气变化密切相关,尤其是洪水灾害时常伴随着阴雨天气出现,特别是在西南地区,多云雾天气在一年中占据了大量时间,光学卫星在这些区域的应用受到很大限制。与光学卫星相比,合成孔径雷达(Synthetic Aperture Radar,SAR)作为一种主动微波成像传感器,成像不受天气和光线的影响,在阴天、雨天和多云天气依旧可以获取有效的数据,因此,SAR 已成为遥感水体检测领域的主要数据源之一(贾蓓蕾,2021)。其物理学原理为:由于水体表面较为平滑,电磁波在其表面发生镜面反射,SAR 接收到的回波信号十分微弱,甚至几乎没有回波信号,因此水体在 SAR 图像上表现为均匀的暗斑,其他地物则和水体差异较大,根据不同地物各自的特点,在 SAR 图像上有着不同的色调和纹理表现。因此分析 SAR 成像几何及 SAR 水体特性,是完成图像解译、实现水体检测的基础。

7.4.3 重庆市洪涝监测

7.4.3.1 2020 年重庆市洪涝监测

2020 年 8 月以来,西南地区暴雨洪涝灾害频发,呈间隔时间短、落区重叠、洪涝灾害严重等特点。受上游强降雨影响,长江、嘉陵江、涪江遭遇历史罕见的洪水。利用多源卫星资料开展了洪涝灾害跟踪监测,形成了针对洪峰过境、淹没区分析的决策支持。

(1)安居古镇洪水监测

2020 年 8 月中下旬受上游强降雨影响,长江、嘉陵江、涪江出现了历史罕见的大洪水并过境重庆。利用 Sentinel-2 灾前(8 月 4 日)灾后(8 月 14 日)光学影像对比监测发现:涪江铜梁段水体面积从 25.2 km² 扩展到 34.6 km²,扩大 9.4 km²,增加了 37.3%,河道扩张明显,安居古镇受灾最为严重,沿岸田块被淹(图 7.13)。

(2)中心城区河道洪水监测

2020 年 8 月 19 日起,"长江 2020 年第 5 号洪水""嘉陵江 2020 年第 2 号洪水"正在通过重庆中心城区,这是 40 年来最大的一次洪峰。利用 SAR 雷达(GF-3 及 Sentinel-1)对渝中半岛周边嘉陵江、长江水体的监测显示:与 7 月 28 日相比,8 月 19 日嘉陵江、长江河道明显变宽,水体明显增大,新增水体面积约 5 km²,主要出现在南滨路、北滨路、江北嘴、珊瑚坝、朝天门码头等地(图 7.14、图 7.15)。

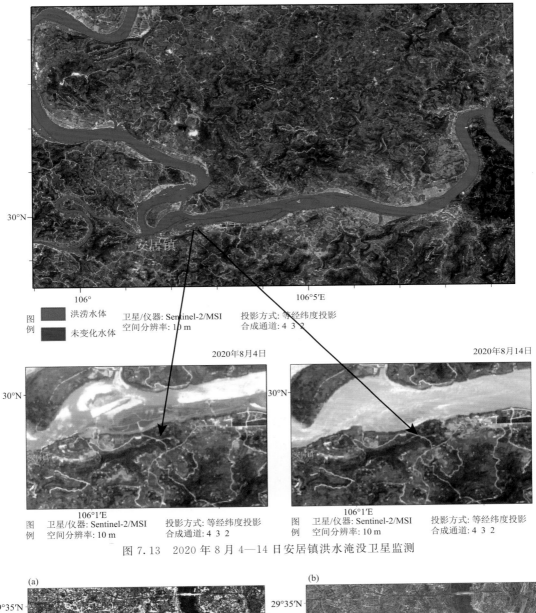

图例
洪涝水体
未变化水体

卫星/仪器: Sentinel-2/MSI　投影方式: 等经纬度投影
空间分辨率: 10 m　合成通道: 4 3 2

2020年8月4日

2020年8月14日

图例　卫星/仪器: Sentinel-2/MSI　投影方式: 等经纬度投影
空间分辨率: 10 m　合成通道: 4 3 2

图例　卫星/仪器: Sentinel-2/MSI　投影方式: 等经纬度投影
空间分辨率: 10 m　合成通道: 4 3 2

图 7.13　2020 年 8 月 4—14 日安居镇洪水淹没卫星监测

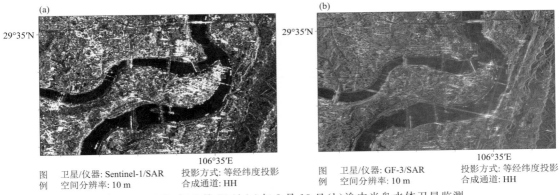

图例　卫星/仪器: Sentinel-1/SAR　投影方式: 等经纬度投影
空间分辨率: 10 m　合成通道: HH

图例　卫星/仪器: GF-3/SAR　投影方式: 等经纬度投影
空间分辨率: 10 m　合成通道: HH

图 7.14　2020 年 7 月 28 日(a)与 8 月 19 日(b)渝中半岛水体卫星监测

图 例　■ 洪涝水体　卫星/仪器：Sentinel-1/SAR　投影方式：等经纬度投影
　　　■ 未变化水体　空间分辨率：10 m　合成通道：HH

图 7.15　2020 年 8 月 19 日渝中半岛水体变化卫星监测

（3）三峡腹地河道洪水监测

2020 年 8 月 22 日，重庆市防汛 Ⅰ 级应急响应调整为防汛 Ⅳ 级应急响应，主城洪峰基本过境，水位持续回落，包括寸滩站、长江菜园坝站、长江朝天门站、嘉陵江磁器口站等重庆中心城区重要站点均已退至警戒水位以下。Sentinel-1 雷达卫星对三峡库区江津至万州河道水体监测显示：与 7 月 28 日相比，8 月 21 日三峡库区河道宽度增加，水位上涨，新增水体面积约 65 km²（图 7.16），部分江心岛面积缩小甚至完全淹没。

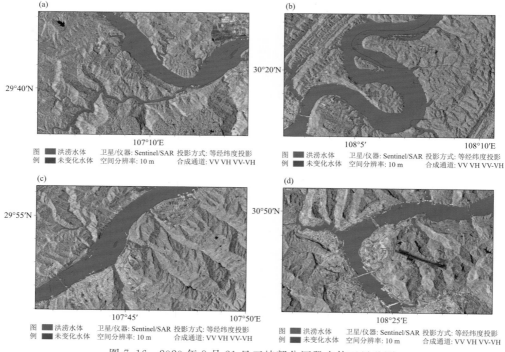

图 7.16　2020 年 8 月 21 日三峡部分河段水体卫星监测
（a）涪陵；（b）忠县；（c）丰都；（d）万州

7.4.3.2 2021 年重庆市洪涝监测

2021 年入汛以来,受长江、嘉陵江上游和本地强降雨影响,长江、嘉陵江及其支流来水快速增加,并通过重庆中心城区。利用 GF-3/SAR 和 Sentinel-1/SAR 卫星资料对渝中半岛周边长江、嘉陵江水体的开展监测。

7 月 11 日,嘉陵江 2021 年第 1 号洪水在嘉陵江支流渠江形成,19 时监测到洪水过境重庆中心城区,与 6 月 17 日监测结果相比,嘉陵江、长江河道略有变宽,江中滩涂被洪水淹没明显,可视范围内新增水体面积约 2 km² ,主要出现在北滨一路、珊瑚坝湿地公园、菜九路等地(图 7.17)。

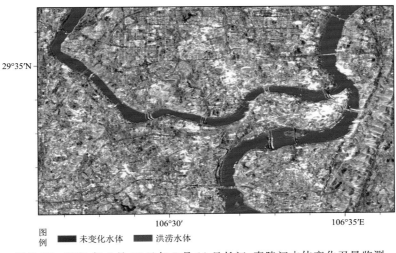

图 7.17　2021 年 6 月 17 日与 7 月 11 日长江、嘉陵江水体变化卫星监测

9 月 6 日长江 2021 年第 1 号洪水、嘉陵江 2021 年第 2 号洪水在长江上游和渠江形成,9 月 8 日 19 时监测到洪水过境重庆中心城区,与 9 月 2 日监测结果相比,嘉陵江、长江河道变宽,北滨一路、珊瑚坝湿地公园、菜九路、南滨路等地江边滩涂淹没明显,比 9 月 2 日新增水体面积约 1 km²(图 7.18)。

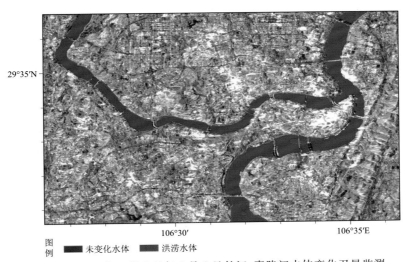

图 7.18　2021 年 9 月 2 日与 9 月 8 日长江、嘉陵江水体变化卫星监测

7.4.4 小结

本节利用多源卫星资料开展了洪涝灾害跟踪监测,形成了针对洪峰过境、淹没区分析的决策支持。2020 年 8 月涪江铜梁段水体面积从 25.2 km² 扩展到 34.6 km²,扩大 9.4 km²,增加了 37.3%,河道扩张明显,安居古镇受灾最为严重。2020 年 8 月 19 日起,利用 SAR 雷达(GF-3 及 Sentinel-1)对渝中半岛周边嘉陵江、长江水体的监测显示:长江河道明显变宽,水体明显增大,新增水体面积约 5 km²;2020 年 8 月 22 日,Sentinel-1 卫星对三峡库区江津至万州河道水体监测显示:三峡库区河道宽度增加,水位上涨,新增水体面积约 65 km²,部分江心岛面积缩小甚至完全淹没。2021 年 7 月 11 日,嘉陵江 2021 年第 1 号洪水在嘉陵江支流渠江形成,嘉陵江、长江河道略有变宽,江中滩涂被洪水淹没明显;9 月 6 日长江 2021 年第 1 号洪水、嘉陵江 2021 年第 2 号洪水在长江上游和渠江形成,嘉陵江、长江河道变宽,北滨一路、珊瑚坝湿地公园、菜九路、南滨路等地江边滩涂淹没明显。

7.5 积雪

7.5.1 积雪概述

地球表面存在时间不超过一年的雪层称为季节性积雪,简称积雪。积雪是冰冻圈的重要组成部分,也是全球范围内最为活跃的地表覆盖要素之一。积雪的特征(如积雪面积、雪深、雪的反射率等)是全球能量平衡模型中的重要输入参数,影响着地表辐射平衡、能量交换、水文过程,以及整个气候系统和生态系统(于灵雪 等,2013)。在区域范围内,积雪季节性变化和长时间变化对农牧业、旅游业、水资源和灾害都有着重要的意义,对人类活动和生态环境产生正反两面的双重影响(程志会 等,2016,刘畅 等,2018)。一方面,积雪是地球上重要的淡水资源,一年中全球淡水补给量约有 5% 来自降雪,对干旱半干旱地区来说,融雪径流过程产生的水能够缓解土壤墒情,积雪覆盖地表可以减少土壤水分的蒸发,为农业发展提供了良好条件。积雪是冰雪旅游的基础资源之一,为冰雪观光、冰雪运动和冰雪娱乐提供了必要的基础条件(张雪莹 等,2018)。

另一方面,因降雪量大而导致大范围的积雪,引发雪灾,同时伴随着低温冷冻灾害发生,严重地影响国民经济的发展和人民群众的生命财产安全(细文双,2020)。2008 年中国南方出现严重积雪,电路、道路、供水、通信等均受到严重影响,影响范围达 20 个省(区),受灾人口超过 1 亿人,因灾死亡 129 人,农作物受灾面积 1.78 亿亩,森林受损面积近 2.79 亿亩,损坏房屋 168.6 万间,直接经济损失 1516.5 亿元人民币(张家平,2012)。其中安徽、江西、湖北、湖南、广西、四川和贵州 7 个省(区)受灾最为严重。因此,准确地对积雪信息的观测与提取,以及掌握区域积雪的时空变化状况,对于防灾减灾、趋利避害有着重要的意义。

7.5.2 积雪监测方法

目前积雪监测的手段主要有气象站点观测和遥感监测两种。利用气象站点观测积雪是最为传统的方法,气象站点观测的积雪资料包括积雪日数和雪深,具有长时间、连续的观测,且资料的准确性和完整性很高。但气象站点观测只能获得一些离散的资料,空间连续性很差,站点分布不均匀,特别是在偏远地区和高寒地区气象站点的分布极少,对于区域性的积雪监测代表性欠佳。卫星遥感技术作为地表资源监测的常用方法,以其监测范围广、时空分辨率高、时效性快、成本低等优势在积雪动态监测中发挥着重要的作用。在积雪的遥感监测研究中,根据电磁波谱范围的划分,光学遥感(可见光、近红外)和微波遥感可用于反演积雪。目前光学遥感的可见光和近红外波段用于积雪范围研究较广,技术成熟,但光学遥感用于反演积雪深度和雪水当量效果较差,用于提取积雪范围时受云的影响很大。微波遥感在全天时、全天候、对云和地物的穿透性等方面具有独特优势,能够反演积雪深度和雪水当量等更多的积雪特性参数,使得微波遥感对光学遥感反演积雪进行了有益的补充。但相对于光学遥感而言,被动微波遥感的空间分辨率低,难以对积雪空间分布的精细表达进行刻画,同时反演积雪的技术难度相比光学遥感来说较高,限制了在实际业务中的广泛应用。

7.5.3 现有积雪遥感产品

得益于遥感技术的快速发展,积雪监测实现从点到面的跨越式进步,并生成了很多质量较高的积雪遥感产品,可直接用于积雪相关的研究当中,节省了时间和经济成本。最早的遥感积雪产品是 NOAA 在 1966 年开始基于 AVHRR 遥感可见光资料进行人工解译得到北半球雪盖制图,空间分辨率较低,仅为 190 km。1997 年换成交互式多传感器(IMS)后,通过处理光学和微波遥感数据以及一定的气象台站数据,得到 25 km 分辨率的 IMS 逐日积雪遥感产品,1999 年后空间分辨率达到 4 km,目前最新的产品空间分辨率可达 1 km,这些不同分辨率、长时间序列的数据均可通过网站(https://nsidc.org/data/G02156/versions/1)免费下载。

另一使用较多的积雪遥感产品为搭载于 Aqua 卫星之上的被动微波辐射计(AMSR-E)的每日雪水当量产品数据集。AMSR-E 采用水平和垂直双极化方式,能对积雪进行观测,但由于其产品较低的空间分辨率要用于大尺度的积雪覆盖范围、雪深和雪水当量等方面的研究。该产品空间分辨率为 25 km,由于 AMSR-E 传感器在 2011 年 10 月发生故障并停用,数据时段为 2002 年 9 月 4 日—2011 年 9 月 2 日。相关数据可在网站(http://nsidc.org/data/AE_DySno/version/2)获取。

最为常用的还是 MODIS 逐日积雪标准产品数据集,该数据集利用雪盖指数(NDSI)来对冰雪信息进行提取,即波段 4(5.450~5.650 mm)和波段 6(1.628~1.652 mm)之间的归一化指数。一般来讲,归一化指数大于 0.4 的划分为雪像元,反之为无雪像元。数据集拥有 MOD10A1/MYD10A1、MOD10A2/MYD10A2 等积雪相关产品,每种产品包括 V004 版本、V005 版本和 V006 版本三种。MOD10A1/MYD10A1 为逐日产品数据;MOD10A2/MYD10A2 为 8 d 合成的产品,产品的空间分辨率为 500 m,数据从 MODIS 卫星发射升空(2000 年)算起至今,有了 20 年数据积累,可为相关长时间序列的相关研究提供良好的数据基础。数据可在 MODIS 数据池中(https://e4ftl01.cr.usgs.gov/)下载。

7.5.4 基于多源卫星的重庆市积雪动态监测

本章首先以 FY-3C 国产气象卫星为例,进行卫星数据的介绍和预处理,再到积雪覆盖面积的计算,阐述开展积雪监测的整个过程。FY-3C 卫星为我国第二代业务极轨气象卫星,充分继承了 A/B 星的成熟技术,核心遥感仪器技术性能状态在原有基础上得到进一步提升。其搭载了可见光红外扫描辐射计(VIRR)等 12 台套遥感仪器,其中 VIRR 传感器具有 10 个

1 km 分辨率的遥感谱段,谱段覆盖可见光至远红外各个波段,既有高灵敏度的可见光通道,又有三个红外大气窗区通道。可见光红外扫描辐射计主要用途是监测全球云量,判识云的高度、类型和相态,探测海洋表面温度,监测植被生长状况和类型,监测高温火点,识别地表积雪覆盖,探测海洋水色等,具体参数如表 7.23 所示。

表 7.23   FY-3C 可见光红外扫描辐射计(VIRR)通道性能参数

通道	波段范围/μm	噪声等效反射率 ρ/% 噪声等效温差/K	动态范围	主要用途
1	0.580~0.680	0.1%	0~100%	地表植被监测
2	0.840~0.890	0.1%	0~100%	
3	3.550~3.930	0.35 K	180~350 K	火情监测
4	10.300~11.300	0.2 K	180~330 K	陆表、海表、云顶温度
5	11.500~12.500	0.2 K	180~330 K	
6	1.550~1.640	0.15%	0~90%	云雪、干旱监测
7	0.430~0.480	0.05%	0~50%	
8	0.480~0.530	0.05%	0~50%	海洋水色监测
9	0.530~0.580	0.05%	0~50%	积雪监测
10	1.325~1.395	0.19%	0~90%	卷云监测

注:噪声等效温差是指 300 K(即 27 ℃)的环境温度下,红外探测器能够探测到的最小温差。

FY-3C 具有较多载荷,每个载荷除了生成 L1 级产品之外,还生成了类型丰富的 L2 级产品。以 VIRR 传感器为例,L1 级产品有 2 种,一种为扫描辐射计 L1 数据,是扫描辐射计经过定标预处理后生成的数据文件,包括 7 个可见光近红外通道、3 个红外通道的对地观测值,星下点分辨率为 1.1 km,产品中还包含通道定标系数和时间信息等数据。另一类为扫描辐射计 L1 数据(GEO),是扫描辐射计经过定位预处理后生成的数据文件,包括地理经纬度、太阳和卫星的天顶角和方位角,以及其他辅助信息。VIRR 传感器 L2 级产品主要分为海上气溶胶、全球云量、云检测、云光学厚度、云光学厚度和云顶温度/云高、全球云分类/相态、火点判识、陆表反射比、陆表温度、植被指数、射出长波辐射、投影区域数据集、海冰监测、海表温度、晴空大气可降水 15 类。

但目前基于 FY-3C 卫星还未有公开的积雪产品可用,因此本节将 L1 级卫星数据进行预处理后计算得到反演的积雪产品。本节使用数据为 VIRR 传感器的 L1 级数据,是由 0 级数据经辐射定标和地理定位处理后生成的数据文件,采用 HDF 格式进行存储的。通过对 L1 级数据文件读取太阳反射通道地球观测数据(EV_RefSB)、发射通道地球观测数据(EV_Emissive)、定标系数表、经纬度、海拔和太阳天顶角等数据。将积雪反演所需的可见光近红外波段、红外波段进行定标,再将其进行几何校正、镶嵌拼接、研究区范围矢量裁剪等主要操作,其中可见光近红外波段需要做辐射定标和太阳高度角订正,红外波段需要做辐亮度计算、然后做黑体温度计算,最后构建地理位置查找表对以上数据进行几何校正。以上对 L1 级数据的预处理可在 SMART 软件中完成。

本节选用开展积雪的方法为 NDSI 阈值法,是目前光学遥感提取积雪的通用方法,是一个较为理想的积雪识别的算法,NDSI 指标能初步分离雪、云和大部分地物,因此能够省去重新对云进行识别并剔除的过程,节省了开展积雪监测的时间,提高了积雪服务的时效性。具体计算公式如下：

$$\mathrm{NDSI} = \frac{R_{\mathrm{VIS}} - R_{\mathrm{SWIR}}}{R_{\mathrm{VIS}} + R_{\mathrm{SWIR}}} \tag{7.18}$$

式中：R_{VIS} 和 R_{SWIR} 分别为在 SMART 软件中预处理好的 L1 级数据中的可见光与短波红外通道的反射率。该指标最初由 Hall 等（1995）提出，应用于 MODIS 传感器的，它们分别对应于 MODIS 传感器的第 4 通道（$0.545 \sim 0.565\ \mu m$）和第 6 通道（$1.628 \sim 1.652\ \mu m$）。通过光谱特性，可知在 FY-3C 卫星 VIRR 传感器中，R_{VIS} 对应的是通道 9（$0.530 \sim 0.580\ \mu m$），R_{SWIR} 对应的是通道 6（$1.550 \sim 1.640\ \mu m$），代入上式计算得到了 NDSI 指数。根据经验法，这里 FY-3C 的 NDSI＞0.22，能够对重庆市的积雪面积进行较为准确地提取。

通过卫星遥感监测可以从一定程度上弥补积雪气象观测站点的不足，同时观测范围大，能更为全面可观反映出积雪的时空分布状况。根据 2021 年 1 月 11 日 07 时—12 日 07 时天气预报，重庆市海拔 500 m 以上地区有雨夹雪或小雪。抓住雪后晴好天气利于遥感观测的机会，利用 2021 年 1 月 12 日 09 时 20 分 FY-3C/VIRR 卫星资料，采用上述 NDSI 阈值法，监测到高海拔地区有积雪覆盖，覆盖面积约 18.28 km²，积雪面积范围涉及南川、武隆、奉节、石柱、丰都、江津、巫溪等 17 个区县，其中重庆南部的南川、武隆等 7 个区县面积较大，面积均大于 100 km²（图 7.19）。

图 7.19　2021 年 1 月 12 日基于 FY-3C 卫星 09 时 20 分重庆市积雪卫星遥感监测

基于 FY-3C 等极轨卫星的监测频率不高，限制了对积雪的连续监测。本节结合 NASA 的泰拉（TERRA）卫星、我国的 FY-3D 等多源极轨卫星，开展对积雪面积的动态监测。基于 2021 年 1 月 12 日 11 时 55 分过境重庆的 TERRA 卫星，利用 NDSI 阈值法结合以往业务经验，TERRA 的 NDSI＞0.20，可对重庆市的积雪面积进行较为准确地提取。监测结果表明，11 时 55 分监测到的积雪面积范围涉及奉节、巫溪、巫山、城口、石柱等 14 个区县（图 7.20），其中重庆中部和东北部的奉节、巫溪、巫山等 5 个区县面积较大，均大于 100 km²。以上结果可以看出,随着白天气温的升高,重庆南部的积雪开始融化,北部高海拔区域的积雪基本保持不变。

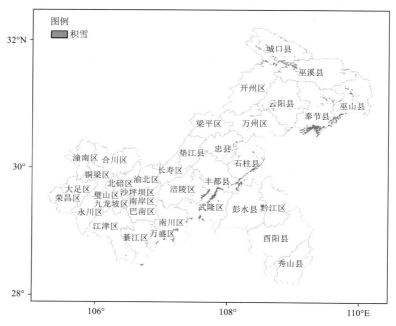

图 7.20　2021 年 1 月 12 日基于 TERRA 卫星 11 时 55 分重庆市积雪卫星遥感监测

14 时 10 分有 FY-3D 卫星过境重庆区域。利用 NDSI 阈值法结合以往业务经验,FY-3D 的 NDSI>0.32 时,对重庆市的积雪面积提取结果符合实际情况。监测结果表明(图 7.21),14 时 10 分监测到的积雪面积范围涉及巫溪、城口、奉节、石柱等 5 个区(县),相比于 09 时 20

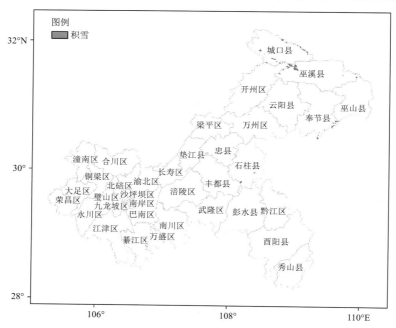

图 7.21　2021 年 1 月 12 日基于 FY-3D 卫星 14 时 10 分重庆市积雪卫星遥感监测

分的监测结果,锐减 12 个区县,比 11 时 55 分的监测结果减少 9 个。主要原因还是受气温上升影响,积雪开始融化,而北部的高海拔地区气温较低,升温较慢,积雪融化也较慢。

7.5.5 小结

本节首先说明了积雪的概念和开展积雪监测的意义,并阐述了开展积雪监测的两大方法:气象站点观测和遥感监测,其中遥感监测积雪是目前普遍应用较广的一种方法。而遥感监测中的光学遥感和微波遥感对于积雪监测各有优劣,需根据实际情况选择不同方法。还对常见的光学和微波遥感监测的积雪产品进行介绍,目前有美国 NSIDC 网站的 IMS 逐日积雪遥感产品,AMSR-E/Aqua 每日雪水当量产品和最常用的 MODIS 逐日积雪标准产品数据集 3 种。最后以 FY-3C 卫星为例,对卫星数据进行介绍和预处理,再对重庆市积雪进行反演。同时加入 TERRA、FY-3D 卫星形成 09 时 20 分、11 时 55 分、14 时 10 分一天 3 个时刻的动态观测,了解积雪面积的变化情况。

参考文献

曹建华,2005.受地质条件制约的中国西南岩溶生态系统[M].北京:地质出版社.

曹丽华,王淑兰,薛玉敏,2010.基于指标阈值法的森林火险气象等级预报研究[J].中国农业气象,31(增1):129-131.

柴宗新,1989.试论广西岩溶区的土壤侵蚀[J].山地研究,7(4):255-260.

陈安旭,李月臣,2020.基于 Sentinel-2 影像的西南山区不同生长期水稻识别[J].农业工程学报,36(7):192-199.

陈方藻,刘江,李茂松,2011.60 年来中国农业干旱监测时空演替规律研究[J].西南师范大学学报:自然科学版,36(4):111-114.

陈璞,杨鑫丽,汪俊涛,2022.GNSS 反射遥感在安徽省洪涝灾害监测中的应用研究[J].安徽建筑,29(1):176-177.

陈艳英,唐云辉,张建平,等,2012.基于 MODIS 的植被指数对地形的响应[J].中国农业气象,33(4):587-594.

陈源泉,高旺盛,2005.农牧交错带农业生态服务功能的作用及其保护途径[J].中国人口·资源与环境,15(4):110-115.

程炳岩,郭渠,孙卫国,2011.重庆地区最高气温变化与南方涛动的相关分析[J].高原气象,30(1):164-173.

程东亚,李旭东,2019.喀斯特地区植被覆盖度变化及地形与人口效应研究[J].地球信息科学学报,21(8):1227-1239.

程遐年,张孝羲,程极益,1994.褐飞虱在中国东部秋季回迁的雷达观察[J].南京农业大学学报,17(3):24-32.

程远,孙桂玉,杨帆,等,2019.基于 GIS 的松花江干流洪涝灾害监测分析[J].环境与发展,31(3):117-119.

程志会,刘错,孙静,等,2016.中国冰雪旅游基地适宜性综合评价研究[J].资源科学,38(12):2233-2243.

慈晖,张强,2017.新疆 NDVI 时空特征及气候变化影响研究[J].地球信息科学学报,19(5):662-671.

邓坤枚,石培礼,谢高地,2002.长江上游森林生态系统水源涵养量与价值的研究[J].资源科学,24(6):68-73.

董立新,杨虎,张鹏,等,2012.FY-3A 陆表温度反演及高温天气过程动态监测[J].应用气象学报,23(2):214-222.

方精云,朴世龙,贺金生,等,2003.近 20 年来中国植被活动在增强[J].中国科学(C 辑),33(6):554-565.

冯奇,吴胜军,2006.我国农作物遥感估产研究进展[J].世界科技研究与发展,28(3):32-36.

高江波,侯文娟,赵东升,2016.基于遥感数据的西藏高原自然生态系统脆弱性评估[J].地理科学,36(4):580-587.

高清竹,万运帆,李玉娥,等,2007.基于 CASA 模型的藏北地区草地植被净第一性生产力及其时空格局[J].应用生态学报,18(11):2526-2532.

耿庆玲,陈晓青,赫晓慧,等,2022.中国不同植被类型 NDVI 对气候变化和人类活动的响应[J].生态学报,42(9):3557-3568.

龚诗涵,肖洋,郑华,等,2017.中国生态系统水源涵养空间特征及其影响因素[J].生态学报,37(7):2455-2462.

谷晓平,黄玫,季劲钧,等,2007.近20年气候变化对西南地区植被净初级生产力的影响[J].自然资源学报,22(2):251-259.

郭铌,王小平,2015.遥感干旱应用技术进展及面临的技术问题与发展机遇[J].干旱气象,33(1):1-18.

郭渠,孙卫国,程炳岩,等,2009.重庆市气温变化趋势及其可能原因分析[J].气候与环境研究,14(6):646-656.

郭山川,杜培军,蒙亚平,等,2021.时序Sentinel-1A数据支持的长江中下游汛情动态监测[J].遥感学报,25(10):2127-2141.

海全胜,阿拉腾图娅,宁小莉,等,2011.干旱和半干旱牧区草地生态足迹研究——以内蒙古正蓝旗为例[J].西南师范大学学报:自然科学版,36(5):104-107.

何全军,刘诚,2008.MODIS数据自适应火点检测的改进算法[J].遥感学报,12(3):448-453.

何泽能,左雄,白莹莹,等,2013.重庆市城市高温变化特征分析及对策初探[J].高原气象,32(6):1803-1811.

何泽能,高阳华,杨世琦,等,2017.重庆市城市热岛效应变化特征及减缓措施[J].高原山地气象研究,37(4):48-52.

洪林,杨蕾,李勋兰,等,2018.重庆市柑橘产业发展现状与主要成效[J].南方农业,12(19):78-80.

贾蓓蕾,2021.基于多源SAR的水域检测方法研究及应用[D].西安:西安电子科技大学.

贾坤,姚云军,魏香琴,等,2013.植被覆盖度遥感估算研究进展[J].地球科学进展,28(7):774-782.

蒋忠诚,2010.中国水土流失防治与生态安全:西南岩溶区卷[M].北京:科学出版社.

李德仁,2003.利用遥感影像进行变化检测[J].武汉大学学报(信息科学版),28:7-12.

李德仁,姚远,邵振峰,2012.智慧地球时代测绘地理信息学的新使命[J].测绘科学,37(6):5-8.

李璠,校瑞香,严应存,等,2022.气候变化对青海省青稞物候期的影响[J].麦类作物学报,42(1):1-9.

李凤霞,2007.中国生态环境评价研究进展[J].青海气象,35(1):227-231.

李刚,周磊,王道龙,等,2008.内蒙古草地NPP变化及其对气候的响应[J].生态环境,17(5):1948-1955.

李海亮,汪秀华,戴声佩,等,2015.基于环境减灾卫星CCD数据的海南岛洪涝灾害监测[J].农业工程学报,31(17):191-198.

李惠敏,2010.重庆市植被指数时空变化研究[D].重庆:西南大学.

李经勇,唐永群,李贤勇,等,2012.重庆市水稻产业现状与发展对策[J].福建稻麦科技,30(1):72-77.

李莉,苏维词,葛银杰,2015.重庆市森林生态系统水源涵养功能研究[J].水土保持研究,22(2):96-100.

李美荣,2012.重庆市农田生态系统健康评价研究[D].重庆:西南大学.

李猛,何永涛,张林波,等,2017.三江源草地ANPP变化特征及其与气候因子和载畜量的关系[J].中国草地学报,39(3):49-56.

李苗苗,吴炳方,颜长珍,等,2004.密云水库上游植被覆盖度的遥感估算[J].资源科学,26:153-159.

李瑞玲,王世杰,周德全,等,2003.贵州岩溶地区岩性与土地石漠化的相关分析[J].地理学报,58(2):314-320.

李瑞玲,王世杰,熊康宁,等,2006.贵州省岩溶地区坡度与土地石漠化空间相关分析[J].水土保持通报,26(4):82-86.

李双双,延军平,万佳,2012.近10年陕甘宁黄土高原区植被覆盖时空变化特征[J].地理学报,67(7):960-970.

李伟,魏曼,2020.遥感解译与地理国情相结合的石漠化监测[J].测绘通报(2):121-125.

李旭文,侍昊,张悦,等,2018.基于欧洲航天局"哨兵-2A"卫星的太湖蓝藻遥感监测[J].中国环境监测,34(4):169-176.

李阳兵,谢德体,魏朝富,等,2002.西南岩溶山地生态脆弱性研究[J].中国岩溶,21(1):25-29.

李子华,1992.重庆市区气象能见度低劣的成因[J].南京气象学院学报,15(4):550-557.

李子华,涂晓萍,1996.考虑湿度影响的城市气溶胶夜晚温度效应[J].大气科学,20(3):359-366.

梁益同,2013.基于 HJ-1A/1B-CCD 数据的洪灾定量评估研究[J].人民长江,44(19):5-8.

林德生,2011.三峡库区植被覆盖变化及其气候响应[D].武汉:华中农业大学.

林文鹏,2006.基于 MODIS 波谱分析的作物信息提取研究[D].北京:中国科学院遥感应用研究所.

刘畅,武胜利,郑照军,等,2018.风云卫星在积雪覆盖监测方面的应用[J].卫星应用(11):34-39.

刘诚,李亚君,赵长海,等,2004.气象卫星亚像元火点面积和亮温估算方法[J].应用气象学报,15(3):
    273-280.

刘刚,孙睿,肖志强,等,2017.2001—2014 年中国植被净初级生产力时空变化及其与气象因素的关系[J].生
    态学报,37(15):4936-4945.

刘良云,2014.叶面积指数遥感尺度效应与尺度纠正[J].遥感学报,18(6):1158-1168.

刘宪锋,朱秀芳,潘耀忠,等,2015.1982—2012 年中国植被覆盖时空变化特征[J].生态学报,35(16):
    5331-5342.

刘兴钰,2019.近 20 年重庆气候变化及 NDVI 的响应研究[D].重庆:重庆师范大学.

刘雪佳,董璐,赵杰,等,2019.我国荒漠植被生产力动态及其与水热因子的关系[J].干旱区研究,36(2):
    459-466.

芦颖,李旭东,杨正业,2018.1990—2015 年贵州省乌江流域生态环境质量变化评价[J].水土保持通报,38
    (2):140-147.

陆洲,罗明,谭昌伟,等,2020.基于遥感影像植被指数变化量分析的冬小麦长势动态监测[J].麦类作物学报,
    40(10):1257-1264.

吕乐婷,任甜甜,孙才志,等,2020.1980—2016 年三江源国家公园水源供给及水源涵养功能时空变化研究
    [J].生态学报,40(3):993-1003.

吕素娜,薛思涵,谢婷,等,2021.哨兵一号 SAR 数据在鄱阳湖洪涝灾害监测中的应用[J].卫星应用(8):
    51-55.

罗孳孳,阳园燕,杨世琦,等,2012.重庆地区参考作物蒸散时空特征与气候影响因子[J].节水灌溉(10):5-9.

蒙继华,杜鑫,张淼,等,2014.物候信息在大范围作物长势遥感监测中的应用[J].遥感技术与应用,29(2):
    278-285.

孟繁圆,冯利平,张丰瑶,等,2019.北部冬麦区冬小麦越冬冻害时空变化特征[J].作物学报,45(10):
    1576-1585.

莫伟华,2006.基于 EOS/MODIS 卫星数据的洪涝灾害遥感监测应用技术研究[D].南京:南京信息工程大学.

穆少杰,李建龙,陈奕兆,等,2012.2001—2010 年内蒙古植被覆盖度时空变化特征[J].地理学报,67(9):
    1255-1268.

朴世龙,方精云,郭庆华,2001a.1982—1999 年我国植被净第一性生产力及其时空变化[J].北京大学学报(自
    然科学版),37(4):563-569.

朴世龙,方精云,郭庆华,2001b.利用 CASA 模型估算我国植被净第一性生产力[J].植物生态学报,25(5):
    603-608.

朴世龙,张新平,陈安,等,2019.极端气候事件对陆地生态系统碳循环的影响[J].中国科学:地球科学,49(9):
    1321-1334.

钱永兰,侯英雨,延昊,等,2012.基于遥感的国外作物长势监测与产量趋势估计[J].农业工程学报,28(13):
    166-171.

秦大河,丁一汇,王绍武,等,2002.中国西部环境演变及其影响研究[J].地学前缘,9(2):321-327.

秦豪君,2018.公元 1—2000 年蒙古高原草原生产力的重建及其对气候变化的响应[D].南京:南京信息工程
    大学.

覃小群,朱明秋,蒋忠诚,2006.近年来我国西南岩溶石漠化研究进展[J].中国岩溶,25(3):234-238.

任正情,2021.高分三号影像在洪涝灾害应急监测中的应用[J].西部资源(4):112-114.

戎志国,刘诚,孙涵,等,2007.卫星火情探测灵敏度试验与火情遥感新探测通道选择[J].地球科学进展,22（8）:867-872.

施婷婷,徐涵秋,孙凤琴,等,2019.建设项目引发的区域生态变化的遥感评估——以敩江流域为例[J].生态学报,39(18):6826-6839.

石军南,卢海燕,唐代生,等,2012.岩溶地区坡度与土地石漠化的空间相关性分析[J].中南林业科技大学学报,32(10):84-88.

石培礼,吴波,程根伟,等,2004.长江上游地区主要森林植被类型蓄水能力的初步研究[J].自然资源学报,19(3):351-360.

史岚,2003.基于 GIS 的重庆市太阳辐射资源的空间扩展研究[D].南京:南京气象学院.

孙成明,孙政国,刘涛,等,2015.基于 MODIS 的中国草地 NPP 综合估算模型[J].生态学报,35(4):1079-1085.

孙传亮,兰安军,向刚,2013.基于 RS 与 GIS 的麻阳河黑叶猴自然保护区植被覆盖动态变化监测研究[J].贵州师范大学学报(自然科学版),31(1):17-21.

孙红雨,王长耀,牛铮,等,1998.中国地表植被覆盖变化及其与气候因子关系——基于 NOAA 时间序列数据分析[J].遥感学报,2(3):204-210.

孙儒泳,2002.基础生态学[M].北京:高等教育出版社.

唐晓华,易靖,王虹,2017.重庆油菜产业发展潜力和对策探讨[J].南方农业,11(1):18-20.

唐云辉,高阳华,2003.重庆市高温分类与指标及其发生规律研究[J].西南农业大学学报,25(1):88-91.

滕秀荣,2005.重庆市森林资源现状及经营策略[J].林业调查规划,30(6):73-76.

童立强,丁富海,2003.西南岩溶石山地区石漠化遥感调查研究[C]//中国地质学会.岩溶地区水、工、环及石漠化问题学术研讨会论文集.南宁:广西科技出版社:36-45.

涂晓萍,李子华,1994.气溶胶粒子对城市夜间边界层温度影响的模式研究[J].南京气象学院学报,17(2):195-199.

王健祥,2001.浅谈农业生态系统和农业的可持续发展[J].黔东南民族师专学报,19(3):23-25.

王娇娇,徐波,王聪聪,等,2019.作物长势监测仪数据采集与分析系统设计及应用[J].智慧农业,1(4):91-104.

王庆林,2015.基于多时相的冬小麦产量估测研究[D].合肥:安徽农业大学.

王世杰,2002.喀斯特石漠化概念演绎及其科学内涵的探讨[J].中国岩溶,21(2):101-105.

王鑫,陈东东,李金建,2015.基于 MODIS 的温度植被干旱指数在四川盆地盛夏干旱监测中的适用性研究[J].高原山地气象研究,35(2):46-51.

王艳强,朱波,王玉宽,等,2005.重庆市石漠化敏感性评价[J].西南农业学报,18(1):70-73.

王宇,周广胜,2010.雨养玉米农田生态系统的蒸散特征及其作物系数[J].应用生态学报,21(3):647-653.

吴炳方,张峰,刘成林,等,2004.农作物长势综合遥感监测方法[J].遥感学报,8(6):498-514.

吴端耀,罗娅,王青,等,2017.2001—2014 年贵州省林草植被覆盖度时空变化及其与气温降水变化的关系[J].贵州师范大学学报(自然科学版),35(1):17-29.

吴华英,覃小群,黄奇波,等,2019.石漠化:地球的癌症[J].中国矿业,28(1):371-375.

武胜利,杨虎,2007.AMSR-E 亮温数据与 MODIS 陆表分类产品结合反演全球陆表温度[J].遥感技术与应用,22(2):234-237.

细文双,2020.黑龙江省积雪灾害风险评估与区划[D].哈尔滨:哈尔滨师范大学.

谢宝妮,2016.黄土高原近 30 年植被覆盖变化及其对气候变化的响应[D].咸阳:西北农林科技大学.

谢高地,肖玉,甄霖,等,2005.我国粮食生产的生态服务价值研究[J].中国生态农业学报,13(3):10-13.

徐博良,2021.基于 Sentinel-1 时间序列数据的西南岩溶地区洪涝灾害时空特征研究[D].北京:中国地质大学.

徐涵秋,2013a.区域生态环境变化的遥感评价指数[J].中国环境科学,33(5):889-897.

徐涵秋,2013b.水土流失区生态变化的遥感评估[J].农业工程学报,29(7):91-97.

徐建华,2006.计量地理学[M].北京:高等教育出版社.

徐燕,周华荣,2003.初论我国生态环境质量评价研究进展[J].干旱区地理,26(2):166-172.

许安全,2020.重庆主城核心区近20年来空气质量变化特征:以南岸区为例[D].重庆:西南大学.

杨邦杰,裴志远,1999.农作物长势的定义与遥感监测[J].农业工程学报,15(3):214-218.

杨红飞,刚成诚,穆少杰,等,2014.近10年新疆草地生态系统净初级生产力及其时空格局变化研究[J].草业
学报,23(3):39-50.

杨蕾,李勋兰,杨海健,等,2020.重庆市柑橘产业发展成就、存在问题与建议[J].南方园艺,31(3):32-35.

杨明德,1985.贵州高原地貌的结构及演化规律[M].北京:科学出版社.

杨世琦,易佳,罗孳孳,等,2010.2006年重庆特大干旱期间的遥感监测应用研究[J].中国农学通报,26(23):
325-330.

杨树海,龙维众,殷树强,2016.重庆市茶叶产业发展对策研究[J].重庆经济(4):43-45.

杨新,李晓彦,延军平,2002.近50年来气候变化和灾害对陕甘宁边境地区影响的分析[J].灾害学报,17(2):
17-21.

杨勇,李兰花,王保林,等,2015.基于改进的CASA模型模拟锡林郭勒草原植被净初级生产力[J].生态学杂
志,34(8):2344-2352.

杨振兴,文哲,张贵基,等,2020.Sentinel-2A数据的森林覆盖变化研究[J].中南林业科技大学学报,40(8):
53-61.

叶堤,蒋昌潭,王飞,2006.重庆市区大气能见度变化特征及其影响因素分析[J].气象与环境学报,22(6):
6-10.

易浩若,纪平,覃先林.全国森林火险预报系统的研究与运行[J].林业科学,2004,40(3):203-207.

尹云鹤,吴绍洪,赵东升,等,2016.过去30年气候变化对黄河源区水源涵养量的影响[J].地理研究,35(1):
49-57.

于灵雪,张树文,卜坤,等,2013.雪数据集研究综述[J].地理科学,33(7):878-883.

袁道先,2001.全球岩溶生态系统对比:科学目标和执行计划[J].地球科学进展,16(4):461-466.

袁道先,蔡桂鸿,1988.岩溶环境学[M].重庆:重庆出版社.

袁宇锋,翟盘茂,2022.全球变暖与城市效应共同作用下的极端天气气候事件变化的最新认知[J].大气科学学
报,45(2):161-166.

曾莉,李晶,李婷,等,2018.基于贝叶斯网络的水源涵养服务空间格局优化[J].地理学报,73(9):1809-1822.

曾玲琳,2015.作物物候期遥感监测研究——以玉米与大立为例[D].武汉:武汉大学.

张德军,杨世琦,祝好,等,2023.重庆市主城都市区热岛效应定量评估[J].应用气象学报,34(1):91-103.

张殿发,王世杰,李瑞玲,等,2002.土地石漠化的生态地质环境背景及其驱动机制——以贵州省喀斯特山区为
例[J].农村生态环境,18(1):6-10.

张家平,2012.黑龙江省公路风吹雪灾害时空分布与防治技术研究[D].西安:长安大学.

张威,邵景安,刘毅,等,2020.重庆市不同规模灌区农灌水有效利用系数测算与对比研究[J].西南大学学报
(自然科学版),42(3):43-51.

张卫春,刘洪斌,武伟,2019.基于随机森林和Sentinel-2影像数据的低山丘陵区土地利用分类——以重庆市
江津区李市镇为例[J].长江流域资源与环境,28(6):134-1342.

张信宝,王世杰,白晓永,等,2013.贵州石漠化空间分布与喀斯特地貌、岩性、降水和人口密度的关系[J].地
球与环境,41(1):1-6.

张雪莹,张正勇,刘琳,2018.新疆冰雪旅游资源适宜性评价研究[J].地球信息科学学报,20(11):1604-1612.

赵虎,杨正伟,李霖,等,2011.作物长势遥感监测指标的改进与比较分析[J].农业工程学报,27(1):243-249.

赵燕红,侯鹏,蒋金豹,等,2021.植被生态遥感参数定量反演研究方法进展[J].遥感学报,25(11):2173-2197.

郑伟,陈洁,闫华,等,2020.FY-3D/MERSI-II全球火点监测产品及其应用[J].遥感学报,24(5):521-530.

智颖飙,王再岚,马中,等,2009.宁夏资源环境绩效及其变动态势[J].生态学报,29(12):6490-6498.

钟阳和,施生锦,黄彬香,等,2009.农业小气候学[M].北京:气象出版社.

周波涛,2021.全球气候变暖:浅谈从AR5到AR6的认知进展[J].大气科学学报,44(5):667-671.

周长艳,李跃清,卜庆雷,等,2011.盛夏川渝盆地东西部旱涝并存的特征及其大气环流背景[J].高原气象,30
   (3):620-627.

周广胜,2015.气候变化对中国农业生产影响研究展望[J].气象与环境科学,38(1):80-94.

周广胜,张新时,1996.全球变化的中国气候——植被分类研究[J].植物学报,38(1):8-17.

周华荣,2000.新疆生态环境质量评价指标体系研究[J].中国环境科学,20(2):150-153.

周伟,刚成诚,李建龙,等,2014.1982—2010年中国草地覆盖度的时空动态及其对气候变化的响应[J].地理
   学报,69(1):15-30.

周志恩,杨三明,张丹,等,2009.重庆市主城区PM_{10}与能见度相关性研究[J].环境监测管理与技术,21(3):
   65-68.

朱文泉,2005.中国陆地生态系统植被净初级生产力遥感估算及其与气候变化关系的研究[D].北京:北京师
   范大学.

朱文泉,潘耀忠,张锦水,2007.中国陆地植被净初级生产力遥感估算[J].植物生态学报,31(3):413-424.

朱玉果,杜灵通,谢应忠,等,2019.2000—2015年宁夏草地净初级生产力时空特征及其气候响应[J].生态学
   报,39(2):1-11.

BOUCHET R,1963. Evapotranspiration réelle et potentielle, signification climatique[J]. IAHS Publication,
   62:134-142.

BREIMAN L,2001. Random forest[J]. Machine Learning,45(1):5-32.

CAO S,SANCHEZ AZOFEIFA G A,DURAN S M,et al,2016. Estimation of aboveground Net Primary
   Productivity in secondary tropical dry forests using the Carnegie-Ames-Stanford Approach (CASA) model
   [J]. Environmental Research Letters,11(7):0750047.

CRAMER W,FIELD C B,1999. Comparing global models of terrestrial Net Primary Productivity (NPP):In-
   troduction[J]. Global Change Biology,5(S1):III-IV.

DONMEZ C,BERBEROGLU S,Cilek A,et al,2016. Spatiotemporal modeling of Net Primary Productivity
   of eastern mediterranean biomes under different regional climate change scenarios[J]. International Journal
   of Environmental Research,2(10):341-356.

DONOHUE R J,MCVICAR T R,RODERICK M L,2009. Climate-related trends in Australian vegetation
   cover as inferred from satellite observations,1981—2006[J]. Global Change Biology,15(4):1025-1039.

FENSHOLT R,SANDHOLT I,2003. Derivation of a shortwave infrared water stress index from MODIS
   near and shortwave infrared data in a semiarid environment[J]. Remote Sens Environ,87(1):111-121.

GITELSON A A,KAUFMAN Y J,STARK R,et al,2002. Novel algorithms for remote estimation of vege-
   tation fraction [J]. Remote sensing of Environment,80(1):76-87.

HALL D K,RIGGS G A,SALOMONSON V V,1995. Development of methods for mapping global snow
   cover using moderate resolution imaging spectroradiometer data[J]. Remote sensing of Environment,54
   (2):127-140.

HUETE A ,DIDAN K,MIURA T,et al,2002. Overview of the radiometric and biophysical performance of
   the MODIS vegetation indices[J]. Remote Sensing of Environment,83(1-2):195-213.

ICHII K,YAMAGUCHI Y,KAWABATA A,et al,2001. Global decadal changes in NDVI and its relation-
   ships to climate variables[C]. Sydney:IEEE International Geoscience and Remote Sensing Symposium:

1818-1819.

KOGAN F N, 1995. Droughts of the late 1980 in the United States as derived from NOAA polar-orbiting satellite data[J]. Bull Am Meteorol Soc, 76(5):655-668.

LAMBIN E F, EHRLICH D, 1995. Combining vegetation indices and surface temperature for land-cover mapping at broad spatial scales[J]. Int J Remote Sens, 16(3):573-579.

LIN H, ZHAO J, LIANG T, et al, 2012. A classification Indices-Based model for Net Primary Productivity (NPP) and potential productivity of vegetation in China[J]. International Journal of Biomathematics, 12600093.

MYNENI R B, KEELING C D, TUCKER C J, et al, 1997. Increased plant growth in the northern high latitudes from 1981 to 1991 [J]. Nature, 386:698-702.

PAUSAS J G, 1999. Response of plant functional types to changes in the fire regime in Mediterranean ecosystems: A simulation approach [J]. Journal of Vegetation Science, 10(5):717-722.

PIAO S L, WANG X H, PARK T, et al, 2020. Characteristics, drivers and feedbacks of global greening[J]. Nature Reviews Earth & Environment, 1(1):14-27.

PRICE J C, 1990. Using spatial context in satellite data to infer regional scale evapotranspiration[J]. IEEE Trans Geosci Remote Sens, 28(5):940-948.

QUINTANO C, FERN NDEZ-MANSO A, ROBERTS D A, 2013. Multiple Endmember Spectral Mixture Analysis (MESMA) to map burn severity levels from Landsat images in Mediterranean countries[J]. Remote Sens Environ, 136:76-88.

SANDHOLT I, RASMUSSEN K, ANDERSEN J, 2002. A simple interpretation of the surface temperature/vegetation index space for assessment of surface moisture status[J]. Remote Sens Environ, 79(2-3):213-224.

SEGARRA J, GONZÁLEZ-TORRALBA J, ARANJUELO Í et al, 2020. Estimating wheat grain yield using Sentinel-2 imagery and exploring topographic features and rainfall effects on wheat performance in Navarre [J]. Spain Remote Sens, 12(14):1-24.

SHABANOV N, ZHOU L, KNYAZIKHIN Y, et al, 2002. Analysis of inter-annual changes in northern vegetation activity observed in AVHRR data from 1981 to 1994[J]. IEEE Transactions on Geoscience and Remote Sensing, 40(1):115-130.

SHEN M G, PIAO S L, JEONG S J, et al, 2015. Evaporative cooling over the Tibetan Plateau induced by vegetation growth[J]. Proceedings of the National Academy of Sciences of the United States of America, 112(30):9299-9304.

VERBYLA D, 2008. The greening and browning of Alaska based on 1982—2003 satellite data[J]. Global Ecology and Biogeography, 17(4):547-555.

WANG Q, TENHUNEN J, DINH N Q, et al, 2004. Similarities in ground and satellite-based NDVI time series and their relationship to physiological activity of a Scots pine forest in Finland[J]. Remote Sensing of Environment, 93(1-2):225-237.

WANG X, XIE H, GUAN H, et al, 2007. Different responses of MODIS-derived NDVI to root-zone soil moisture in semi-arid and humid regions[J]. J Hydrol, 340(1-2):12-24.

WENG Q, 2021. Remote sensing of impervious surfaces in the urban areas: Requirements, methods, and trends[J]. Remote Sens Environ, 117:34-49.

WOOD E F, SCHUBERT S D, WOOD A W, et al, 2015. Prospects for advancing drought understanding, monitoring, and prediction[J]. J Hydrol, 16(4):1636-1657.

WU D H, ZHAO X, LIANG S L, et al, 2015. Time-lag effects of global vegetation responses to climate change[J]. Global Change Biology，21(9):3520-3531.

YAN H，ZAREKARIZI M，MORADKHANI H，2018. Toward improving drought monitoring using the remotely sensed soil moisture assimilation: Aparallel particle filtering framework[J]. Remote Sensing of Environment，216:456-471.

ZENG L，DU Y，LIN H，et al，2020. A Novel Region-based Image Registration Method for Multisource Remote Sensing Images via CNN[J]. IEEE Journal of Selected Topics in Applied Earth Observations and Remote Sensing，14:1821-1831.

ZHANG T，ZHANG X，LIU H W，et al，2010. Application of remote sensing technology in monitoring forest diseases and pests[J]. Plant Diseases and Pests，1(3):57-62.

ZHANG G L，ZHANG Y J，DONG J W，et al，2013. Green-up dates in the Tibetan Plateau have continuously advanced from 1982 to 2011[J]. Proceedings of the National Academy of Sciences of the United States of America，110(11):4309-4314.